VERGESSENE ERFINDUNGEN

Christian Mähr

VERGESSENE ERFINDUNGEN

Warum fährt die Natronlok nicht mehr?

Weltbild

Der Autor dankt Birgitt Humpeler von der Vorarlberger Landesbibliothek sowie Siegfried Vetter, Joachim Hiebeler und Jürgen Sebö für fruchtbare Diskussionen und technische Unterstützung.

Genehmigte Lizenzausgabe für Verlagsgruppe Weltbild GmbH, Steinerne Furt, 86167 Augsburg
Copyright © 2002 by DuMont Literatur und Kunst Verlag, Köln
Copyright © 2006 für die gebundene Neuausgabe DuMont Literatur und Kunst Verlag, Köln
Umschlaggestaltung: Uhlig, Augsburg / www.coverdesign.net
Umschlagmotive: Natronlok: *100 Jahre SEAG, Aachen 1980* und *Organ für Fortschritt des Eisenbahnwesens in technischer Beziehung, Band 22, Wiesbaden 1885, Tafel XIV, Bild 15;* Holzvergaser: *Erik Eckermann, Alte Technik mit Zukunft. Die Entwicklung des Imbert-Generators, R. Oldenbourg Verlag, München 1986*
Gesamtherstellung: GGP Media GmbH, Pößneck
Printed in the EU
ISBN 978-3-8289-4493-0

2013   2012   2011
Die letzte Jahreszahl gibt die aktuelle Lizenzausgabe an.

Einkaufen im Internet: *www.weltbild.de*

Inhalt

Vorwort

Ich durfte als Vierjähriger einen Lokschuppen besuchen, wo ein Dutzend Dampfloks qualmend im Halbkreis stand, so etwas prägt. Wenn mir ein Lexikon unterkommt, schaue ich schon wegen der Abbildungen unter dem Stichwort »Lokomotiven« nach. Beim Blättern in einem Lexikonartikel stieß ich auf eine merkwürdige Zeichnung. »Honigmanns Natronlokomotive. Längsschnitt.« Die Beschreibung hat mich fasziniert. Ich wusste, wie eine Dampflok funktioniert, »immer schon«, die Lok muss das erste technische Gerät gewesen sein, das mir erklärt wurde. Aber von einer »Natronlok« hatte ich nie auch nur ein Wort gehört; das wäre bis heute so geblieben, wenn ich nicht in einem *alten* Lexikon aus dem Jahr 1876 geblättert hätte. In einem jüngeren von 1905 gibt's zwar noch die Natronlok, aber die Schnittzeichnung ist verschwunden – und ohne die Zeichnung fällt sie nicht mehr auf, geht unter als Verweis unter vielen anderen.

Lexikonwissen verschwindet – es kann nicht anders sein. Das Wissen der Menschheit verdoppelt sich in immer kürzeren Abständen, die Lexika haben immer noch ihre kanonischen vierundzwanzig Bände. Da muss viel Altes raus. Aber was? Und was bedeutet es, wenn die Natronlok verschwindet?

Ich habe in den folgenden Jahren viele Techniker nach dieser Lok gefragt. Kein Einziger wusste auch nur von ihrer Existenz. Ich begann nachzuforschen. Die Bewunderung der Zeitgenossen stand in merkwürdigem Gegensatz zum völligen Verschwinden der Natronlok aus dem technischen Bewusstsein schon wenige Jahre nach der Erfindung. Sie wurde getilgt, ausgelöscht. Warum? Es gab einen kryptischen Hinweis auf Materialprobleme, sonst nichts. Nun hat es beim Material, egal bei welchem, nie größere Fortschritte gegeben als im 20. Jahrhundert – man hätte doch mit neuen Werkstoffen die Natronlok wieder aufleben lassen können … man hat es nicht getan.

Die Natronlok war »vergessen« worden; kein Einzelschicksal, wie ich im Lauf der Jahre herausfand. Es gab da einen Dachboden der Technikgeschichte, wo sich die vergessenen Erfindungen stapelten. Da gab es, wie auf einem realen Speicher, allerhand Gerümpel. Da gab es aber auch Sachen, die man hätte brauchen können, brauchen kann oder in naher Zukunft brauchen können wird; Erfindungen, die hierher verbannt wurden, weil eine Rahmenbedingung nicht mehr passte. Diese Rahmenbedingung, meist eine ökonomische, hat sich dann geändert, andere Bedingungen wurden maßgebend – aber die Erfindung war auf dem Dachboden, verstaubt und vergessen. Ich hatte bis dahin geglaubt, die technische Entwicklung folge einer Art innerem Entwicklungsgesetz vom »Niederen« zum »Höheren«; dann bestünde der Ausdruck »überholt« zu Recht. Das ist blanke Mythologie. »Überholt« in Bezug auf Technik ist ein buchstäblich sinnloser Begriff, weil er voraussetzt, dass sich alle Erfindungen auf einer in die Zukunft gerichteten »Entwicklungsautobahn« ein Wettrennen liefern. Das ist nicht der Fall. Es gibt keine solche Autobahn, es gibt nur ein verästeltes Netz von Entwicklungswegen; manche Erfindungen – durchaus nicht alle – sind einfach Abzweigungen, die in ganz neue, nie geahnte Räume führen, in sumpfige Niederungen vielleicht, aber vielleicht auch in lichte Höhen. Das wissen wir nicht von vornherein. Die merkwürdig antitechnische Einstellung der Gegenwart speist sich nicht nur aus der Angst vor realen Gefahren und dem »Tempo« der Entwicklung, sondern auch aus einem Unbehagen vor diesem falschen Bild des alternativlos Geradlinigen. Wir ahnen, dass wir an manchen Abzweigungen vorbeigerannt sind, die wir hätten erkunden sollen. Die Führungsgruppe weiß, wo's langgeht. Sagt sie. Aber sie hat keinen Kompass. Und keine Karte …

Dieses Buch stellt zehn vergessene Erfindungen vor, zehn Abzweigungen, an denen wir vorbeigelaufen sind. Ich habe versucht, sie zu erkunden, wenigstens ein Stück weit. Manche dieser Wege waren angenehm zu gehen, verloren sich dann aber im Gebüsch. Erstaunlich häufig fanden sich Wege, die breiter und besser wurden – sie führen wahrscheinlich auch in schönere Gegenden als der Holzweg, auf dem die Mehrheit gegenwärtig trottet. Nur für den Fall, dass wir umkehren müssen, könnte ja sein.

Aber Sie können dieses Buch auch ohne Nützlichkeitserwägungen lesen, einfach so, ohne philosophischen Hinterkopf. Es hat mir Spaß gemacht, diese Dinger vom Speicher zu holen, abzustauben, die Messingschildchen zu putzen … da stehen sie jetzt in der Sonne. Vielleicht ist etwas dabei, was Ihnen gefällt. Suchen Sie sich etwas aus!

Der Flettner-Rotor

Bei dieser Erfindung der zwanziger Jahre des vergangenen Jahrhunderts wird alles von einem Bild ausgedrückt. Die Abbildung auf dieser Seite zeigt im Vordergrund ein kleineres Schiff mit der Aufschrift des Erfindernamens – und zwei riesigen schornsteinartigen Gebilden. Nur kommt aus ihnen kein Rauch – im Gegensatz zu den Schornsteinen beim gewöhnlichen Dampfschiff im Hintergrund. Optisch ansprechende und »belehrende« Komposition, man schaut bei dem Bild nicht gleich wieder weg. Die runden Dinger sind keine Kamine, so viel ist klar. Was sind sie dann? Rotierende Zylinder, Flettner-Rotoren. Hohle Zylinder aus ein Millimeter dickem Stahlblech, innen durch eine Gitterkonstruktion ausgesteift, 2,8 Meter dick und gut 15 Meter hoch. Sie stehen drehbar gelagert auf einer Art Zapfen, ähnlich dem Unterbau bei einem Kran. Dort ist auch der jeweilige Elektromotor eingebaut.

Die zum »Rotorschiff« umgebaute Buckau beim Auslaufen.
Die rotierenden »Garnrollen« wirken wie Segel von der zehnfachen Fläche.

Er leistet 11 Kilowatt bei 750 Umdrehungen pro Minute. Den Strom bekommen die beiden E-Motoren von einer Dynamomaschine, die wiederum von einem 45 PS starken Dieselmotor angetrieben wird. Das Schiff hat nicht immer so ausgesehen. Die »Buckau« war als Dreimastgaffelschoner gebaut worden, 45 Meter lang, neun Meter breit mit 900 Tonnen Wasserverdrängung, sie hatte einen Hilfsmotor für Flauten und schwierige Manöver im Hafen. Sie entsprach dem üblichen Typ des kleinen Segelfrachtschiffs vom Anfang des letzten Jahrhunderts.

So weit die nüchterne Beschreibung, das rein Technische. Jemand hatte offenbar dem schmucken Schiff Masten und Takelage weggenommen und durch diese unmöglichen Zylinder ersetzt. Die konnten sich nun um ihre Längsachse drehen, dieselelektrisch. Aber warum nur, um alles in der Welt, was hatte man davon?

In seinem Buch »Mein Weg zum Rotor« verwendet Anton Flettner den Begriff nur ein einziges Mal: Walzensegel. Er hat sich nicht durchgesetzt. Schon damals sprach man nur vom »Flettner«-Rotor, der Name des Erfinders steht auch viermal größer als der Name »Buckau« auf der Seitenwand. Wir sind im Jahre 1924. Es gibt beim Auslaufen einen »Medien-Hype«, obwohl der Begriff erst siebzig Jahre später erfunden wird. »In wenigen Tagen waren die Nachrichten über das Rotorschiff und seine Einzelheiten über die ganze Erde verbreitet«, schreibt Flettner. »Aus allen Erdteilen gingen meiner Gesellschaft und mir Telegramme mit Glückwünschen und Finanzierungsangeboten zu. Monate hindurch erreichte die Geschäfts- und meine Privatpost einen Umfang, der kaum zu bewältigen war.« Es folgen Klagen, wie unmöglich es gewesen sei, die Autogrammwünsche zu befriedigen etc. – Ing. Flettner genießt spürbar die öffentliche Anerkennung nach Überwindung vieler Widerstände, Anfeindungen. Davon später.

»Walzensegel« trifft es genau. Die schornsteinförmigen Gebilde auf dem Schiff sind einfach Segel. In Form senkrechter (rotierender) Walzen. Eben Walzensegel. Einen Zweck erfüllen Segel nur, wenn der Wind weht. Ebenso die Walzensegel. Stehen sie still, übt der Wind einen geringen Druck aus, drehen sich aber die Walzen, wirken unheimlich anmutende Kräfte. Dass es wirklich funktioniert, hat nicht einmal die Germaniawerft so richtig glauben

Titelbild des 1926 erschienenen Bandes »Mein Weg zum Rotor«

können, die den Umbau der »Buckau« durchführte. Denn kaum war der erste Rotor installiert, ließ man ihn mit Werftstrom anlaufen – nur um zu sehen, ob sich wenigstens die Haltetaue ein bisschen strafften. Schon nach wenigen Umdrehungen versuchte das Schiff sich in Bewegung zu setzen (es herrschte wohl leichter Wind). Flettner erhielt einen aufgeregten Anruf über das Vorkommnis. »Ja, was haben Sie denn anderes erwartet?« war seine einigermaßen entgeisterte Antwort.

Die Zweifel der Beteiligten leuchten auch heute noch ein. Die beiden Zylinder stellten dem Wind eine Querschnittsfläche von 85 Quadratmetern entgegen. Die frühere Takelung des Schiffes war zehnmal so groß gewesen. Trotzdem erreichte das Schiff beim selben Wind dieselbe Geschwindigkeit wie früher. Dort, wo die Rotoren stehen, wirken »unsichtbare« Segelflächen von zehnfacher Größe. Der offensichtliche Vorteil der Rotoren liegt in der leichteren Bedienung. Drehrichtung und Drehgeschwindigkeit der Rotoren lassen sich in Sekunden an einem Schaltpult einstellen. Von einer Hand. Dem stehen die stundenlangen komplizierten Segelmanöver des klassischen Segelschiffs gegenüber, ausgeführt von sehr vielen Händen (eine Viermastbark mit 2400 Quadratmeter Segelfläche braucht drei Dutzend Matrosen).

Das Flettner-Schiff ist ein Segelschiff, angewiesen auf den Wind. Ohne Wind keine Fahrt. Keine unbekannten mystischen Kräfte treiben es an, nur der Wind. Statt Segeln hat es aber eine *Segelmaschine* in Form senkrecht stehender, sich drehender Zylinder. Der Effekt, der diese Walzen zu Segeln macht, ist der *Magnuseffekt.*

Heinrich Gustav Magnus (1802–1870) war Chemiker und Physiker in Berlin. Er hatte unter anderem bei Berzelius in Stockholm studiert und war seit 1845 ordentlicher Professor der Physik und Technologie an der Berliner Universität. Er scheint in der ganzen Fülle der Erscheinungen ziemlich weitläufig herumexperimentiert zu haben, ein »wilder« Experimentator im Unterschied zum heute aktuellen »wilden« Denker. So bestimmte er die Ausdehnungskoeffizienten von Gasen, konstruierte ein Thermometer für Bohrlöcher, entdeckte ein nach ihm benanntes Platinsalz und so fort – über den Effekt, der seinen Namen bekannt gemacht hat, steht im Lexikon der Jahrhundertwende seltsamerweise kein Wort. Nebenamtlich war Magnus auch noch Lehrer an der Artillerieschießschule. Da gab es ein Problem: Seit dem Ende des 17. Jahrhunderts verwendete man bei den Kanonen gezogene Rohre, die dem Geschoss einen Drall mitgaben. Solche schnell rotierenden Geschosse trafen wesentlich besser. Bei Seitenwind wurden die Kanonenkugeln abgelenkt, natürlich seitlich, was niemanden wunderte, aber merkwür-

Anton Flettner wurde am 1. November 1885 in Eddersheim am Main geboren. Er arbeitete als Lehrer, seine freie Zeit nutzte er zum autodidaktischen Studium der Naturwissenschaft. So wurde er zum Techniker und Erfinder. Mit 29 entwickelte er den »Landtorpedo«, eine Art ferngelenkten Panzer, der jedoch nie eingesetzt wurde. Nach dem Ersten
Weltkrieg erfand er das »Flettner-Ruder« und den »Flettner-Rotor«, während des Zweiten
Weltkriegs wandte er sich der Luftfahrt zu und wurde zum Hubschrauberpionier. Er wan-
derte nach Amerika aus und starb am 29. Dezember 1961 in New York.

digerweise auch in der Höhe, was eigentlich nicht sein durfte, dafür hatte man keine Erklärung. Professor Magnus untersuchte 1852 das Problem systematisch. Als Modell verwendete er einen senkrechten rotierenden Messingzylinder. Wird der nun von der Seite angeblasen, so wirkt eine Querkraft, ziemlich genau im rechten Winkel zur Windrichtung. Und zwar auf der Seite des Zylinders, wo er sich in dieselbe Richtung dreht, wie der Seitenwind weht. Magnus hat diesen Effekt im Modell festgestellt, aber nicht gemessen und auch nicht erklärt. In der Folge gab es zum Magnuseffekt mehrere Versuche in England, Frankreich und Deutschland, die Sache wurde als gelehrte Spielerei betrachtet; interessanter Vorlesungsversuch ohne weiteren praktischen Wert. Anton Flettner kam auf die Idee, die entstehende Querkraft zum Antrieb eines Schiffes zu nutzen, ähnlich, wie das bei einem Segelschiff der Fall ist.

Wie kommt es aber zum Magnuseffekt? Verblüffend einfach. Die schematischen Abbildungen stammen aus der Originalarbeit Flettners. Im oberen Teil wird ein stehender Zylinder vom Wind umströmt, er bläst in Pfeilrichtung von links nach rechts. Oberhalb und unterhalb des Zylinders erscheinen die Stromlinien etwas zusammengedrängt, vor und hinter dem Zylinder etwas voneinander entfernt; das heißt, der Luftstrom beginnt sich schon eine kleine Strecke vor dem Zylinder zu teilen. Die Luft ist eben ein zusammenhängendes Gebilde und rast nicht als wildes Gemisch einzelner Teile blindlings auf das Hindernis zu, um dort von ihm abzuprallen. Diese Auffassung von der Luft hatte Newton vertreten; sie gilt nur in sehr verdünnten Gasen und bei sehr hohen Geschwindigkeiten der Luftmoleküle. Normale Luft folgt den Gesetzen der Fluiddynamik. Bei nicht zu hohen Geschwindigkeiten strömt Luft wie durch eine Unzahl paralleler Kanäle, die so genannten »Stromröhren«, die sich gegenseitig fast nicht beeinflussen. Jedenfalls kommen vernünftige Werte heraus, wenn man so tut, als gäbe es in der Strömung solche Röhren tatsächlich, wenn man also dieses *Modell* für die Berechnung verwendet. Ihre Wände sind unsichtbar, eben nur »gedacht«, in der Mitte jeder Röhre kann man sich gleich eine Stromlinie dazudenken. Dass die Vorstellung nicht falsch ist, kann man beweisen, wenn man aus kleinen Öffnungen Rauch in den Wind entlässt, er bildet dann einzelne Fä-

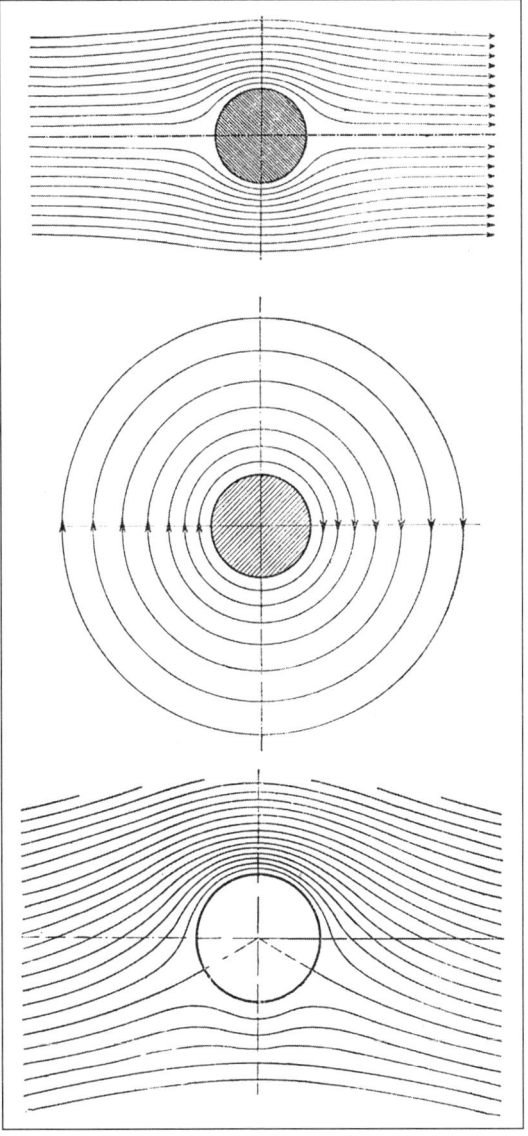

Wind umströmt einen stehenden Zylinder (oberes Bild). Der Zylinder rotiert in ruhiger Luft (mittleres Bild). Das untere Bild zeigt die Kombination: Wind umströmt einen rotierenden Zylinder. Wo die Stromlinien eng stehen, herrscht Unterdruck – in diese Richtung zieht die Querkraft.

den, eben die Stromlinien. Wo Stromlinien sich zusammendrängen, herrscht Unterdruck, wo sie sich voneinander entfernen, Überdruck. Warum? Was geschieht, wenn Luft (oder Wasser) auf ein Hindernis zuströmt? Die tägliche Erfahrung von der Autobahn weist unglücklicherweise in die falsche Richtung. Die Autos »strömen« wie die Luftteilchen auf ein Hindernis zu, das Ergebnis ist bekannt und immer dasselbe: Stau. Luftteilchen verhalten sich anders. Nach dem Gesetz der Energieerhaltung müssen nach dem Hindernis pro Sekunde genauso viele Luftteilchen durch den Querschnitt strömen wie davor. Das heißt aber, dass sie sich beim Hindernis selbst schneller bewegen müssen, links und rechts »außen rum« ist der Weg ein wenig länger als mitten durch. Wer sich schneller bewegt, hat höhere Bewegungsenergie. Die muss irgendwoher kommen. Die Luft entnimmt sie ihrem eigenen Druck, der Druck *am* Hindernis fällt etwas ab. Auf der oberen Zeichnung tritt auf beiden Seiten des Zylinders ein leichter Unterdruck auf, davor und dahinter ein leichter Überdruck (auch hier ein gewisser »Staueffekt«). Diese Drücke wirken aber völlig symmetrisch.

Betrachten wir die mittlere Abbildung. Es weht kein Wind, dafür rotiert der Zylinder im Uhrzeigersinn. Die Luft rundherum wird das nicht unbeeinflusst lassen. Auf Grund der inneren Reibung rotiert sie auch, wie die in sich geschlossenen Pfeile andeuten; der Zylinder *nimmt sie mit*. Die Geschwindigkeit dieser Umlaufströmung wird nach außen zu natürlich immer kleiner. Messbar ist diese Geschwindigkeit aber noch bis zum zehnfachen Zylinderdurchmesser.

Der Magnuseffekt entsteht, wenn wir einfach die obere und die mittlere Abbildung übereinander legen, also Wind und Zylinderdrehung kombinieren. Das Ergebnis sehen wir unten: Über dem Zylinder gehen Wind und Rotation in dieselbe Richtung, der rotierende Zylinder beschleunigt die Luft zusätzlich, unter dem Zylinder sind Windrichtung und Drehrichtung einander entgegengesetzt; hier bremst der Zylinder den Wind ab. Als Folge sind auf der einen Seite die Stromlinien noch mehr zusammengedrängt, es entsteht massiver Unterdruck, auf der anderen Seite streben die Stromlinien auseinander, dort haben wir Überdruck. Als Resultat zieht der Zylinder als Ganzes auf die Seite mit der hohen lokalen Windgeschwindigkeit. Nun stellen wir uns vor, der Zylinder sei nicht fest am Boden montiert, sondern auf einem Schiff, der rotierende Zylinder wirkt wie ein Segel und treibt das Schiff quer zur Windrichtung. Wenn ich die Drehrichtung umkehre, wirkt die Querkraft natürlich in die entgegengesetzte Richtung. Und wie stark ist die Querkraft? Das hängt davon ab, wie schnell sich der Zylinder dreht. Wenn die Zylinderwand dieselbe Geschwindigkeit hat wie der Wind, ist die erzeugte Kraft schon stärker als bei einem Segel gleicher Querschnittsfläche. Dreht sich der Rotor schnell, steigt die Kraft auf Werte, die sich mit einem Segel nur mit einer sehr viel größeren Segelfläche erreichen lassen. Wenn sich die Rotorwand zum Beispiel dreieinhalbmal schneller bewegt als der Wind, erreicht man dieselbe Querkraft wie bei einem zehnmal so großen Segel. Erhellender ist vielleicht der Vergleich mit einer Flugzeugtragfläche: die Querkraft dort heißt »Auftrieb« und entsteht durch den Unterdruck auf der Oberseite und den Überdruck auf der Unterseite des Flugzeugflügels. Beim Flettnerrotor ist diese Kraft siebenmal so stark wie bei einer guten Tragfläche.

Bevor das Rotorschiff gebaut wurde, gab es umfangreiche Modellversuche an der Aerodynamischen Versuchsanstalt in Göttingen. Flettner war dort kein Unbekannter. Er hatte immerhin schon das »Flettner-Ruder« erfunden, eine Hilfsvorrichtung zur leichteren Handhabung von Schiffsruderblättern. Die Göttinger Herren standen der Rotoridee zunächst sehr reserviert gegenüber. Sie wussten natürlich vom Magnuseffekt, die Versuchsanstalt war in Europa führend auf dem Gebiet der Fluiddynamik. Die Vorteile des »Walzensegels« vermochten sie nicht recht zu sehen, wohl aber die technischen Probleme bei der Durchführung. Flettner ließ sich nicht beirren. Die Modellexperimente im Windkanal bestätigten, dass der Rotor einem Segel in allen Beziehungen überlegen war.

Ein Schiff mit Flettner-Rotoren ist viel leichter zu manövrieren als ein Segelschiff. Es kann auch härter am Wind segeln, das heißt, in kleinerem Winkel »in den Wind hineinfahren«.

Einen Einwand hörte Flettner von jedem, der sein Schiff zu Gesicht bekam: Was ist bei Sturm? Würde das Schiff wegen der hohen Rotoren nicht leicht kentern? Dazu muss man sich klarmachen, dass auch bei einem Segel bei fast allen Stellungen zum Wind eine Auftriebskraft wirkt. Diese Kraft in Verbindung mit Windrichtung und Steuerruder ermöglicht erst ein Segeln »gegen den Wind«. Die Auftriebskraft wirkt immer senkrecht zur Segelfläche, auf der gebauchten Seite nach außen. Man kann sich diese Kraft in zwei Komponenten zerlegt denken: eine in Fahrtrichtung des Schiffes, das ist der »Schub«, der das Schiff vorantreibt, die andere wiederum senkrecht dazu, die »Drift«. Der Drift muss durch entsprechende Stellung des Steuerruders entgegengewirkt werden, sie führt auch dazu, dass sich das Schiff zur Seite neigt, es »krängt«. Das Krängen ist umso stärker, je mehr der Wind von der Seite kommt. Bei einer hohen Takelage kann das gefährlich werden. Für den Flettner-Rotor gelten dieselben Gesetze, das Krängen ist aber unproblematisch: Der Schwerpunkt liegt viel tiefer (das Schiff kann also weniger leicht umkippen), und bei heftigen Böen kann man den Rotor in Sekundenschnelle »abtakeln«, indem man die Drehzahl herunterfährt. Tatsächlich könnte man bei einem modernen Rotorschiff durch elektronische Drehzahlregelung genau jene Minimalfahrt erzeugen, die das Schiff noch sicher steuern lässt. Bei zwei Rotoren ist das Rotorschiff schon fast so wendig wie ein Motorschiff mit Schiffsschraube. Es kann am Ort drehen, seitwärts und sogar rückwärts fahren. Das wäre, schreibt Felix von König, auch einem Segler möglich, die dazu nötigen Segelmanöver sind aber derart aufwendig, dass sie sich von selbst verbieten. Und der Antrieb der Rotoren? Erfordert das nicht viel Energie? Flettner gibt elf Kilowatt für die Elektromotoren an, die seine Zylinder rotieren lassen. Für ein Schiff ein lächerlicher Wert. Eine kleine Hilfsmaschine, nicht vergleichbar mit Schraubenschiffen, wo die Antriebsleistung in Tausenden von Kilowatt gemessen wird.

Die Vorteile der Rotoren stellten sich schon bei den ersten Fahrten der »Buckau« auf der Ostsee heraus. Sie machten Flettner weltberühmt. Er erhielt Zuschriften und Verbesserungsvorschläge in Massen. Was den Magnuseffekt betraf, schien ein Damm gebrochen: es kam zu zahlreichen Versuchen, Patente zum Magnuseffekt anzumelden, weil die Erfinder irrtümlich annahmen, Flettner habe seinen Rotor nur für den Schiffsbetrieb patentieren lassen.

»Ich bekam durch die vielen Zuschriften einen Einblick in Dinge, die mir früher unbekannt waren«, schreibt er mit einem gewissen Behagen. »Ich sah und sehe heute noch, wie in allen Schichten des Volkes, trotz der schwierigen Zeitverhältnisse, eine unglaubliche Begeisterung und Empfänglichkeit für neue Ideen vorliegt. Unter den Absendern der an mich gerichteten Briefe sind alle Berufe und jedes Lebensalter vertreten – vom Schüler, der mir mit schüchternen Worten einen Vorschlag schickt, bis zum Greis, der mit zitternder Hand mir seine Ideen entwickelt, vom ungelernten Arbeiter bis zum Universitätsprofessor; sogar aus dem Gefängnis haben sich viele Unglückliche an mich mit Anregungen und Ideen gewandt.« Also schon die ganze »Volksgemeinschaft«. Es ist schwer vorstellbar, dass eine Erfindung wie die Flettnersche heute noch solche Reaktionen auslösen würde. Sie wäre eher Anlass für Medienwitze, Kandidat für die Skurrilitätenseite der Zeitungen. Die Begeisterung für Flettner und seine Erfindung hat wohl mit dem Trauma des verlorenen Weltkriegs zu tun. Flettner hatte 1915 den »Landtorpedo« erfunden, eine Art ferngelenkten Panzer, mit dem die Drahtverhaue an der Westfront durch eine Autogenschweißanlage zerstört werden konnten. Das Ding hat im Versuch auch funktioniert; die maßgeblichen militärischen Stellen haben den Tank abgelehnt, wie Flettner in seinem Rotorbuch berichtet. Der Weltkrieg ist also durch die Blasiertheit der Militärs verloren worden, deutsche Erfindergenialität hätte ihn zweifellos gewonnen – dies ist der Eindruck, den der zeitgenössische Leser gewinnen sollte. Das Kapitel mit dem Tank ist gleich das erste in seinem Buch »Mein Weg zum Rotor«. Überschrift: »Meine erste Erfindung: Die drahtlose Fernsteuerung«. Mit dem Rotor hat sie überhaupt nichts zu tun. Erfindungen zu machen, das drängt sich bei der Lektüre auf, scheint eine ganz einfache, natürliche Sache zu sein – wie Atmen. Der Titanenkampf beginnt immer erst danach, ein Kampf gegen die unverständige Umwelt. Flettner spricht von einer »jahrelangen, nervenzerstörenden Arbeit ... eine praktisch für unausführbar gehaltene Idee der Fachwelt beinahe aufzuzwingen« und führt, als wäre das eigene Schicksal nicht Beispiel genug, ein langes Zitat Rudolf Diesels an, in dem dieser wortreich den »Kampf gegen Dummheit und Neid, Trägheit und Bosheit« beklagt, »die entsetzliche Zeit des Kampfes mit Menschen, ein Martyrium, auch wenn man Erfolg hat.« Ein merkwürdig saturnischer Ton schleicht sich dann ein, etwas typisch Deutsches, etwas Düsteres. Flettner spricht so ja nicht nach einem missglückten Leben und im Rückblick auf die Trümmer enttäuschter Hoffnungen, sondern auf dem Höhepunkt des Erfolges. Er bedient damit auch eine Erwartungshaltung der Leser. Erfinden ist etwas Ernstes, wenn es etwas Leichtes, Lockeres ist, gehört es auf den Jahrmarkt. Das Erfinderschicksal hat schwer, fast tragisch zu sein, ins Antlitz des Erfinders haben sich Schicksalsfalten einzugraben, Zeugen übermenschlicher Anstrengung; alles, was leicht geht, kann von vornherein nichts wert sein. Der deutsche Erfinder nimmt es auch auf sich, durch »übermenschliche Anstrengung« die Schmach des verlorenen Krieges zu tilgen und die wirtschaftlichen Schwierigkeiten der Gegenwart zu bezwingen. Das erwartet die Leserschaft: vom »schüchternen Schüler« bis »zum zitternden Greis«. Alles Neue, in die Zukunft gerichtete fasziniert.

Anfang 1925 machte die »Buckau« ihre erste kommerzielle Reise von Danzig nach Grangemouth in Schottland. Die Ladung bestand aus Holz. Der Februar auf der Nordsee ist kein angenehmer Monat. Es herrschte Sturm. Schiffe ähnlicher Größe mussten schützende Häfen aufsuchen, die »Buckau« lief ihren Kurs wie eine Eins. Sie schlingerte viel weniger als die Schiffe, denen sie begegnete. Auch die Rückfahrt nach Cuxhaven war ein voller Erfolg. Wieder Sturm und hoher Seegang, Frachtgut war Kohle, Brecher zerschlugen ein auf Deck festgezurrtes Rettungsboot, die Rotoren blieben unversehrt. Auf »Baden-Baden« umgetauft, fuhr das Rotorschiff nach Amerika und wieder zurück, insgesamt 6200 Seemeilen zur vollen Zufriedenheit ihres Konstrukteurs. Dieses erste Rotorschiff sollte nur die grundsätzliche Brauchbarkeit des Antriebs beweisen. Dass die Sache auch wirtschaftlich zu betreiben war, bewies die »Barbara«, ein im staatlichen Auftrag neu erbauter Frachter mit 3000 Tonnen Nutzlast. Dieses Schiff war schon 93 Meter lang, 13 Meter breit und acht Meter hoch. Zunächst plante Flettner einen einzelnen Rotor mit 27 Meter Höhe. Es stellte sich aber heraus, dass keine Fabrik ein entsprechend großes Kugellager für die Monsterwalze liefern konnte, also wurde auf drei kleinere Rotoren umkonstruiert, jeder immerhin vier Meter dick und siebzehn Meter hoch, aus ein Millimeter starkem Alublech, die Elektromotoren für alle drei leisteten nur 105 PS. Bei Windstille fuhr das

Schiff mit Schraube, angetrieben von zwei Dieselmotoren mit zusammen 1060 PS. Die »Barbara« lief im April 1926 vom Stapel und wurde im Linienverkehr als Frachter für Südfrüchte im Mittelmeer eingesetzt. Sie lief bei Windstärke 5 mit Schraube und Rotoren 13,5 Knoten, etwa 25 km/h. Ohne die Rotoren kam sie auf 10 Knoten. Ohne die Schiffsschraube, nur mit Rotoren und Wind, war sie fast gleich schnell: 9,5 Knoten.

Dann kam die Wirtschaftskrise, die »Barbara« hatte keine Fracht mehr. In den dreißiger Jahren wurde sie verkauft, man entfernte die Rotoren und ließ das Schiff als normalen Motorfrachter laufen. Damit war das Schicksal des Flettnerrotors besiegelt. In den zwanziger Jahren stieg die Leistung der Dieselmotoren so stark an, dass kein wie immer gearteter Windantrieb mithalten konnte, nicht einmal dort, wo es auf die Geschwindigkeit nicht ankam. Das Öl war zu billig – der große Vorteil des Rotorschiffs, der geringe Energieverbrauch für den Antrieb der Rotoren, fiel nicht mehr ins Gewicht.

Es gibt für Erfindungen ein noch schlimmeres Schicksal als nur »vergessen« zu werden. Den Beweis liefert die »Frankfurter Allgemeine Sonntagszeitung« vom 12. Mai 2002. Dort erscheint nämlich die »Barbara« – in einem zweiseitigen Artikel über Sammelbildchen des vergangenen Jahrhunderts in höchst naturalistischer, offenbar von einer Photographie inspirierter Abbildung. Das Problem ist die Bildunterschrift: »›Das Segelrotorschiff‹ ist reinste Phantasie. Vertikal drehbare Säulen sollten die Kraft des Windes zum Antrieb der Schiffsschraube nutzbar machen.« Für ein Schiff, das immerhin einige Jahre auf dem Mittelmeer herumgefahren ist, bedeutet »reinste Phantasie« wohl den höchsten Grad an Irrealität, den man sich vorstellen kann. Die Erklärung des Antriebs ist sowieso Unsinn: Da versetzt der Wind die Zylinder in Drehung, die sich auf die Schraube überträgt. Hübsche Idee, aber warum sollte der Wind das tun, einen glatten Zylinder drehen? Die böse Fee an Flettners Wiege hat nicht etwa gesagt: »Deine Erfindung soll vergessen werden!«, sondern sie hat gesagt: »Deine Erfindung soll noch in hundert Jahren in der Zeitung stehen!«

Der Flettner-Rotor ist das typische Beispiel einer »verspäteten« Erfindung. Der Magnuseffekt wurde um die Mitte des 19. Jahrhunderts entdeckt. Und dann wurden siebzig Jahre mit Laborspielereien vertrödelt. Warum?

Die Erfindung des Rotors als Schiffsantrieb erfordert keine überragenden visionären Fähigkeiten, es erfordert auch keine tiefen physikalischen Kenntnisse, das Prinzip zu verstehen. Und schon gar nicht den bis zum Erbrechen zitierten Kuhnschen »Paradigmenwechsel«. Der Flettner-Rotor hätte eigentlich schon viel früher erfunden werden müssen. Wenn es um Erfindungen geht, dominiert in den Köpfen aber die Vorstellung einer gesetzmäßigen Entwicklung: »sie liegen in der Luft«, die Erfindungen, heißt es dann, darum wird ja auch oft von mehreren Erfindern fast zur selben Zeit das Gleiche erfunden. Eben, weil »die Zeit reif« dafür ist. Das merkwürdige Bild einer »reifenden Zeit« entstammt einer grundsätzlich materialistischen Geschichtsauffassung; der Flettner-Rotor ist ein gutes Gegenbeispiel für diese Art von Determinismus. Eine Erfindung, so die These, hat immer geistige, technische und ökonomische Voraussetzungen, sie muss zur jeweiligen Zeit vorstellbar, herstellbar und brauchbar sein. Sie wird gemacht, wenn diese Voraussetzungen alle gegeben sind. Heron von Alexandria soll schon im 1. Jahrhundert n. Chr. ägyptische Tempeltore mit Dampfkraft geöffnet haben, eine Spielerei, ein Gag, etwa wie ein heutiger Varietétrick – zu einem Dampfzeitalter ist es in der Antike nicht gekommen. Es fehlten die technischen Möglichkeiten (Kolbendichtung, gedrehte Metallteile, fossile Brennstoffe) für eine richtige Dampfmaschine. Und es fehlte der Bedarf. Wofür hätte man sie brauchen können? Berühmt geworden ist der Ausspruch eines römischen Kaisers, der den Erfinder einer Wassermühle fragt, wer in Zukunft seine Sklaven ernähren soll (die in knochenbrechender Schwerarbeit die Mühlen mit ihren Körpern antrieben).

Man darf hier nicht das Notwendige mit dem Hinreichenden verwechseln. Denn die nötigen Voraussetzungen für den Flettner-Rotor waren schon vor der Geburt Flettners alle gegeben. Irgendein Ingenieur Müller oder Meier *hätte* den Rotor schon um 1870 erfinden können. Auch der Bedarf war da: Noch bis in die zwanziger Jahre des letzten Jahrhunderts fuhren fünfmastige Segelriesen mit modernen Metallrümpfen als Massengutfrachter um Kap Hoorn – eine einfach zu bedienende, sichere »Segelmaschine« hätte die Seefahrt nötig gehabt wie einen Bissen Brot. Zum Antrieb der Walzen hätte es auch keinen Elektromotor gebraucht, eine kleine, schnell laufende Dampfmaschine hätte genügt. – Aber es *hat* niemand das Walzensegel erfunden, kein Ing. Meier oder Müller. Erst Anton Flettner 1924. Die *notwendigen* Voraussetzungen waren wohl gegeben, nur waren die nicht *hinreichend*. Welche sind dann hinreichend? Das weiß niemand. Wer es behauptet, weiß nicht, was er redet. Es ist ein Rätsel.

Es liegt nahe, den blanken Zufall als Wirkmacht anzunehmen. Was passieren kann, muss nicht. Es gibt keinen Determinismus. Manches, was »in der Luft liegt«, wird tatsächlich erfunden. Aber nicht alles. Diese Ansicht der Sache hat auch eine freundliche, utopische, offene Seite: Erfindungen, die »eigentlich« hätten gemacht werden sollen, aber nicht gemacht wurden, sind eben noch nicht gemacht – *können* noch gemacht werden, liegen noch im Reich des Möglichen. Nicht alles, heißt das, was vor hundert Jahren *durchdacht* wurde, ist deshalb *aus*gedacht. Vielleicht wurde es ja nur *ange*dacht. Dann bliebe uns noch auf Feldern zu ernten, von denen wir glaubten, der letzte Halm sei dort schon aufgelesen.

Es hat nicht an Überlegungen gefehlt, Flettners Erfindung auch für andere Zwecke dienstbar zu machen. Da der Rotor ein aerodynamisches Profil ersetzt, lag es nahe, ihn an einem Windrad anzubringen. Flettner selbst plante ein Windrad mit hundert Metern Durchmesser auf einem zweihundert Meter hohen Turm. Statt Windradflügeln sollten vier Rotoren montiert sein, die Leistung sollte nicht direkt von der großen Hauptachse des Windrades abgenommen werden, sondern von vier kleinen Windrädern, die an den äußeren Spitzen der Rotorflügel angebracht sind – wenn das Rad sich erst dreht, herrscht dort eine viel höhere Windgeschwindigkeit als in der Ebene des großen Rades. Die vier kleinen Windräder laufen praktisch in einem »Gegenwind«, den die Drehung des Hauptrades erzeugt. Da die Leistung eines Windrades mit der dritten Potenz der Windgeschwindigkeit zunimmt, erhält man schon bei doppelter Geschwindigkeit des Windes achtfache Leistung. Die Hilfswindräder könnten also viel kleiner sein und würden sich viel schneller drehen. Dadurch wäre das Übersetzungsgetriebe auf den Stromgenerator leichter zu bauen.

Ein Versuchsrad mit zwanzig Meter Durchmesser wurde gebaut, allerdings ohne Hilfswindräder an den Flügelspitzen. Von einer solchen Version hat man danach nie wieder etwas gehört. Moderne Rechnungen zeigen, dass Flettners Idee mit den Hilfswindrädern wohl bei einem *normalen* Windrad mit zwei oder drei Flügeln funktionieren würde, bei einem *Rotorwindrad* aber nicht. Es dreht sich viel zu langsam für den Antrieb eines Generators. Das Flettner-Windrad wäre allerdings als so genannter »Langsamläufer« für

Die Zeitgenossen entwickelten bald neue Einsatzgebiete für Flettners Erfindung ...

(Lustige Blätter)

Sportbericht

Herr Hutfabrikant Pfiffig errang die Eislaufmeisterschaft mühelos. Er hatte sich in seiner Fabrik einen Rotorzylinder (System Flettner) anfertigen lassen.

den Betrieb von Mühlen und Wasserpumpen geeignet. Es liefe schon bei schwächsten Winden an. Viel besser als die »amerikanische Windturbine«, das aus Blechstreifen aufgebaute, langsam drehende Windrad im Hintergrund vieler Westernszenen.

All diese Überlegungen sind inzwischen technisch obsolet. 1,5-Megawatt-Windturbinen werden heute reihenweise aufgestellt, geplant sind 5-Megawatt-Räder vor der Küste, die Größenprobleme hat man durch Fortschritte beim Material gelöst.

Niemand braucht heute einen Flettner-Rotor. Solange Öl in einer Größenordnung von hunderttausend Tonnen über die Weltmeere tuckert, bedarf es keiner Windmaschine, die dazu dient, von genau diesem Öl ein bisschen einzusparen. Die Betonung liegt auf »solange«. Die Sache sieht ganz anders aus, wenn das Öl teurer wird. Ein bisschen. Dann könnte sich der Flettner-Rotor wieder als jene Segelmaschine erweisen, die den Herzschlag der technischen Zivilisation aufrecht erhält; es gibt, wurde gesagt, Erfindungen, die zu spät kommen. »Zu spät« ist aber eine Bezeichnung, die vom Standort des Betrachters in der Zeit abhängt. Vielleicht ist der Flettner-Rotor gar nicht zu spät gekommen. Sondern zu früh. Mag sein, hundert Jahre.

Die Natronlok

Wer einen Ingenieur heute nach Moritz Honigmann oder seinem »Natronverfahren« fragt, wird verständnislose Blicke ernten. Der Erfinder und sein Verfahren sind vollständig im Orkus des Vergessens verschwunden. Es gibt eine Art technischer Amnesie, die man sich fast nur als Auswirkung von Gehirnwäsche erklären kann. Von allen »vergessenen« Erfindungen ist das Honigmannsche Natronverfahren das wohl »vergessenste«. Es wurde nicht einfach vergessen, sondern verdrängt, es findet sich nicht einmal auf den einschlägigen Sites amerikanischer Steam-freaks, die sonst jeder verrückten Idee aufgeschlossen sind und im Dampfbetrieb das Heil des 21. Jahrhunderts sehen.

Beim Natronverfahren geht es also um *Dampf*. Beim Stichwort »Dampf« denkt der technisch unbeleckte Zeitgenosse an die Dampfmaschine von James Watt und die Dampflokomotive von George Stephenson, Erfindungen des 18. und frühen 19. Jahrhunderts, die mit Rauschebärten, Zylindern und schwarzem Frack assoziiert werden, mit der Gegenwart nichts zu tun haben. Denn diese Gegenwart ist nicht nur »elektrisch«, sondern »elektronisch«, eine digitalisierte Knopfdruckwelt allgegenwärtig blinkender Leuchtdioden und Bildschirme – aber was da blinkt und funkelt, rauscht und wispert, ist angetrieben von ganz ordinärem elektrischem Strom, der wie vor hundert Jahren über den noch weit ordinäreren Wasserdampf erzeugt wird. Diese Herkunft aller mit »E« apostrophierten postmodernen Träume aus der Tiefe des 19. Jahrhunderts ist offenbar ein Makel, der gern übersehen wird. Die Grundlage ist Feuer und Wasser. Alte Mythen (Zauberflöte!). Wenn beide zusammenkommen, wird das Wasser heiß. Wenn es noch heißer wird, dann wird es Dampf, und alles fängt an.

Natürlich sind es hochgezüchtete Turbinen und keine schwarzglänzenden Lokomotivgestänge, die jene Generatoren treiben, die den Strom in die Leitungen schicken. Es ist aber Dampf, der da wirkt, der gleiche Dampf, der entsteht, wenn man einen Wasserkessel aufs Feuer setzt. Es ist daran nichts Spektakuläres und vor allem nichts Modernes; der Grieche Heron von Alexandria hat der Überlieferung nach Tempeltüren mit Dampfkraft auf- und zugemacht – Spezialeffekt für die fromm staunenden Besucher. Das war im 1. Jahrhundert n. Chr. Mittlerweile ist der Wasserkessel besser geworden, das Feuer darunter wirksamer. Und problematischer (weil atomar). Das sind Details. Wahr bleibt: Die Moderne hängt zuallererst nicht von irgendwelchen Einstellungen, Überzeugungen und allgemeinen Wahrheiten ab, sondern von unserer Fähigkeit, große Mengen Dampf herzustellen. Wir sind Dampfwesen, Genossen eines Dampfzeitalters, das noch immer andauert. Hinter allem Elektrischen strömt der Dampf und hält uns im 18. Jahrhundert fest – das machen wir uns nicht bewusst, fühlen es aber und klammern uns leidenschaftlich an den Ottomotor: Mit seiner internen Verbrennung ist er tatsächlich die »modernere« Kraftmaschine. Der Ottomotor kommt ohne Dampf aus, das Dampfauto, eine Maschine des frühen 20. Jahrhunderts, hat sich nie durchgesetzt.

Im »Prozess der Zivilisation« beschreibt Norbert Elias anschaulich, wie in der Neuzeit zwar nicht das Verzehren toter Tiere außer Mode kommt, aber immerhin das Zerlegen der gekochten oder gebratenen Leichen erst auf einen seitwärts platzierten Anrichtetisch, dann vollends ins Nebenzimmer verbannt wird, von wo nur noch harmlos aussehende Portionsstücke auf die festliche Tafel gelangen. Ähnlich halten wir es mit dem Dampf und seiner Erzeugung: Im 19. Jahrhundert war er allgegenwärtig, und man konnte *sehen*, wie er produziert wird; er trieb die frühe Industrie und legte sich vermischt mit schwarzen Schwaden als fettiger Überzug auf ganze Landstriche. Damit ist es heute vorbei, das zeitgenössische Kraftwerk verhüllt den peinlichen Vorgang der Feuerung hinter Sicherheitsabsperrungen und ausgetüftelter Abgasaufbereitung. Was herauskommt, ist Strom, der Inbegriff des gesichts- und voraussetzungslosen technisch Machbaren. Mit Strom geht alles. Strom ist das Äquivalent des millionenfach verzehrten Hamburgers. Bei dem kann man leicht vergessen, dass er von einer Kuh stammt; beim Strom, dass er von Dampf und Kohle stammt.

Wo die Dampferzeugung noch bis zur Mitte des letzten Jahrhunderts erlebt werden konnte, war bei der Dampflokomotive. Die Loks waren schwarz vor Ruß, der ganze Bahnhof war schwarz vor Ruß, sie wurden stundenlang vorgeheizt und stanken vor sich hin, braune, auf der Spitze stehende Rauchkegel über den Schornsteinen, unbewegt in der heißen Sommerluft. Man konnte das alles riechen, schon Hunderte Meter vor dem Bahnhof, man konnte es sehen, alle Sinne waren angesprochen; die Lok fraß Kohle, die ein schwitzender Heizer mit enormer Schaufel verfütterte, sie soff Wasser aus ragenden Rohren; keine andere Maschine der Technikgeschichte hat so sehr einem lebenden Ungeheuer geglichen wie die Dampflok, man konnte es sehen, hören und riechen, was das eigentlich war: *Stoffwechsel*. In der Dampflok wechselten die Stoffe ihre Gestalt wie in unseren eigenen Körpern, da bewegte sich nichts *wie von Geisterhand* (wie bei der E-Lok und jedem Küchenmixer); man konnte sehen, warum alles so war, wie es war. Oder man konnte es ahnen. Die Dampflok verkörperte das Rohe, Stoffwechselhafte, Gefräßige. Das Primitive.

Und nun: die Honigmannsche Natronlok. Moritz Honigmann wollte der Dampflok eben das austreiben, das Primitive. Denn das Primitive ist immer auch gefährlich. Wenn schon mit Dampf gefahren werden muss, warum dann unbedingt mit Feuer? An der »feuerlosen Lok« bestand in der zweiten Hälfte des 19. Jahrhunderts lebhaftes Interesse. Der Dampfantrieb hatte sich auf breiter Front durchgesetzt und Bereiche erobert, wo seine Schwächen unübersehbar zu Tage traten. Eine dampfbetriebene Straßenbahn ist nicht nur eine Belästigung, sondern in einem mit Pferden motorisierten Straßenverkehr auch eine Gefahr. Die Zugtiere gingen oft durch, von den Dampfgeräuschen der vorbeifahrenden Trambahn erschreckt. Als Industrie- oder Grubenbahn konnte die normale Dampflok auch nicht eingesetzt werden: wegen allgemeiner Feuergefährlichkeit und mangelndem Rauchabzug. Die erste Lösung dieses Problems fand 1873 der Amerikaner Dr. Emile Lamm, der eine feuerlose Lok auf der Straßenbahn zwischen Carlton und New Orleans verkehren ließ. Das Prinzip war simpel: Wenn man heißes Wasser unter hohen Druck setzt, verwandelt es sich bei jeder Druckminderung zum Teil in Dampf. Dieser Dampf trieb die Lok. Der französische Ingenieur Léon Emile Francq erwarb von Lamm die Rechte an der Erfindung für ganz Europa und meldete sie 1877 zum Patent an. Er verbesserte sie auch: In einen zu drei Viertel mit Wasser gefüllten Lokomotivkessel ließ er aus einer stationären

Dampferzeugung Hochdruckdampf einströmen, Druck und Temperatur stiegen dadurch weit über hundert Grad an. Das ging so lange, bis im Lokkessel dieselben Bedingungen herrschten wie im Dampfkessel, aus dem der Dampf kam. Der Druck betrug bis zu fünfzehn Atmosphären. Wenn man nun ein Ventil öffnete, entstand sofort Dampf, der in üblicher Weise die Kolben der Lokomotive bewegte. Im Prinzip war die feuerlose Lok von Lamm und Francq ein Dampfspeicher – sie nahm den Dampf, der stationär erzeugt wurde, einfach mit. Nach einem 1823 von Perkins entdeckten Prinzip eignete sich als Dampfspeicher am besten – Wasser. Darin lag auch schon der Hauptnachteil. Die Speicherkapazität war gering. Druck und Temperatur nahmen im Betrieb laufend ab, nach einer Stunde war dann Schluss. Der Kessel enthielt nur noch heißes Wasser und kein Quäntchen Dampf. Wenn die feuerlose Lok dann nicht genau bei der Auffüllstation stand, um nachzuladen, glich sie einem »hilflosen, toten Körper«, wie es eine zeitgenössische Quelle anschaulich beschreibt. Das muss häufiger vorgekommen sein, Straßenbahnpassagiere waren gezwungen, das letzte Stück zu laufen, weil sich der Lokführer verschätzt und zu viel Dampf verbraucht hatte. Nun wird die Speicherfähigkeit des Wassers für Dampf mit höherem Druck immer besser, aber mit fünfzehn Atmosphären befand man sich ohnehin schon am oberen Ende des damals Vertretbaren, normale, also gefeuerte Loks hatten drei bis fünf Atmosphären. Die Kesselexplosion war eine zwar nicht alltägliche, aber reale Gefahr, der Vorläufer des TÜV wurde gegründet, um ebendas zu verhindern. Wenn ein Kessel den Druck nicht mehr aushielt und platzte, verdampfte der Inhalt *auf einen Schlag*. Dampf nimmt aber das siebzehnhundertfache Volumen des Wassers ein, aus dem er entstanden ist – unter diesen Bedingungen war jeder Dampfkessel eine potenzielle Dampfbombe, deren Zerstörungskraft mit jeder Großsprengung mithalten konnte. Ein explodierender Kessel war der »GAU« der Dampflokära, die von den Riesenschrecken kommender Tage noch keine Ahnung hatte. Das Prinzip von Lamm-Francq war also noch nicht das Wahre.

Moritz Honigmann hatte sich etwas grundsätzlich anderes ausgedacht. Er benutzte zwei Kessel, wie in der Abbildung ersichtlich. Im oberen befand sich gewöhnliches Wasser, im unteren hoch konzentrierte, heiße Natron-

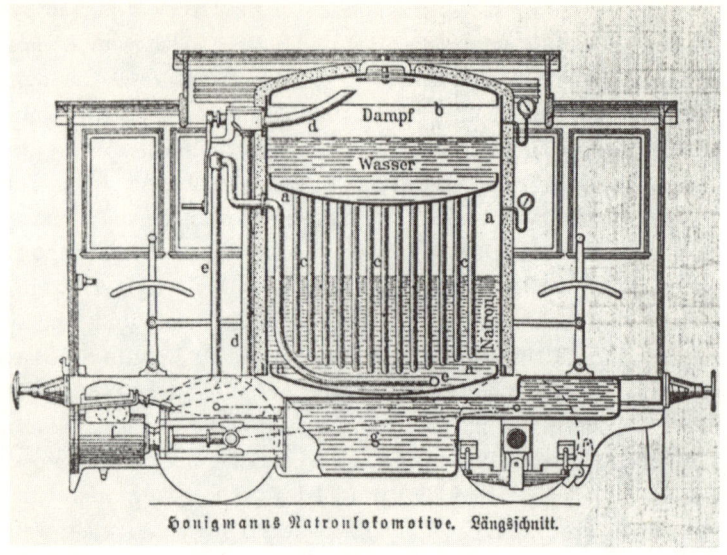

Honigmanns Natronlokomotive. Längsschnitt.

Schnitt durch die Honigmannsche Natronlok – die Zeichnung wurde im vorletzten Jahrhundert zum letzten Mal gedruckt.

lauge. Vom oberen Kessel ragten Siederohre in die Lauge, an ihrem unteren Ende waren sie verschlossen. Die Lauge wurde mit z. B. 170 Grad eingefüllt und brachte das Wasser im Kessel darüber bald zum Kochen. Es entstand Dampf. Der trieb im Zylinder den Kolben hin und her.

Und weiter? Die Worte »Zylinder« und »Kolben« machen einen Exkurs nötig, weil die geneigte Leserin mit der Funktionsweise einer Lok nicht mehr vertraut sein mag. Die Lok fährt, weil der Dampf den Kolben in ihren beiden Zylindern immer hin und her schiebt. Erst kommt der Dampf von links, dann, durch einen Schieber gesteuert, von rechts, dann wieder von links und so weiter … was geschieht eigentlich mit dem »alten« Dampf, der den Kolben ans andere Zylinderende geschoben, sich abgearbeitet und seine Schuldigkeit getan hat? Der muss irgendwie raus, sonst würde er vom Kolben, der ihm gleich entgegenkommt, komprimiert, die Lok bliebe stehen. Man lässt den »alten« Dampf nicht ohne Weiteres ins Freie, sondern leitet ihn durch eine spezielle Düse, das »Blasrohr«, in den Schornstein der Lok. Dort reißt er den Rauch mit sich hinauf, erzeugt also einen künstlichen »Zug«, der das Feuer unter dem Kessel zusätzlich anfacht. (Im Freien kondensiert der Dampf dann zu weißen Wolken, vermischt mit den schwarzen Rußschlieren aus der Feuerung ergibt das den typischen Anblick einer Dampflok in voller Fahrt, der den Dampfenthusiasten so teuer ist.)

Zurück zur feuerlosen Lok von Honigmann. Der Abdampf aus dem Zylinder muss hier in kein Blasrohr, denn es gibt nichts anzufachen. Statt dessen leitet Honigmann den Dampf in einem Rohr (»e« in der Abbildung) einfach direkt *in die Natronlauge*. Es geschieht etwas Seltsames: Der abgearbeitete Dampf hat sich im Zylinder beträchtlich abgekühlt. Er hat keine 170 Grad mehr, sondern nur noch gut hundert. *Dennoch kondensiert er in der siebzig Grad heißeren Lauge sofort und total zu Wasser!* Wie ist das möglich? Was ist das eigentlich, Natronlauge? Ein Lösung von Natriumhydroxid in Wasser. Natriumhydroxid heißt auch »Ätznatron« und kommt in Form kleiner, farbloser Pillen in den Handel, die sich schmierig anfühlen, was man nicht zu ausgiebig testen sollte – das Zeug heißt nicht umsonst »Ätznatron«. Die seifige Konsistenz deutet schon auf eine wichtige Eigenschaft des Natriumhydroxids hin: Es ist sehr hygroskopisch, das heißt, es zieht Wasserdampf aus der Luft an. Wenn man es offen stehen lässt, wird es immer schmieriger und feuchter, schließlich flüssig – es sehnt sich nach Wasser, es ist ganz verrückt nach Wasser, und wenn man einfach welches draufschüttet, dann verbindet es sich chemisch damit in einer rasend schnellen Reaktion, wobei rasend schnell ein Haufen Wärme frei wird. Das kann spritzen. Man sollte nicht vergessen, dass auch der Augapfel recht viel Wasser enthält … Natriumhydroxid ist nicht ganz ungefährlich.

Eine Lösung von Natriumhydroxid, die eigentliche Natronlauge, behält diese Affinität bei; obwohl schon Wasser drin ist, möchte die Lauge noch mehr Wasser, sie will sich *verdünnen*. Mir ist schon klar, dass die Chemiker wegen der anthropomorphen Wortwahl aufschreien – wie kann ein toter Stoff etwas *wollen*? –, deshalb beeile ich mich hinzuzufügen, dass es natürlich an der Energie liegt, die bei diesen Prozessen frei wird: Die Natronlauge verbindet sich chemisch mit dem Wasser, die Energie dieser Reaktion wird in Form von Wärme frei, im Falle der Natronlauge nennt man das Verdünnungswärme. Das geschieht jedes Mal, wenn man Wasser in eine konzentrierte Natronlauge schüttet.

Aber bei der Honigmannschen Natronlok kommt ja kein Wasser in die Lauge, sondern Dampf. Das ist doch ein kleiner Unterschied, oder? Wenn Dampf zu Wasser wird, entsteht auch Wärme, die Kondensationswärme. Für jedes Kilo Dampf etwa 0,62 kWh, für jede Tonne Dampf also schon 620 Kilowattstunden. Es ist jene Wärmemenge, die ich vorher zuführen musste, um dieselbe Menge Wasser zu verdampfen. Der hochgespannte, energiereiche Dampf hat dann einen Teil von seiner Energie gespendet und in einer Turbine Strom erzeugt – etwa ein Drittel. Der große Rest steckt immer noch im Dampf und wird ans Kühlwasser abgegeben oder in Form riesiger Kühltürme an die Luft. Seltsam, dass gerade die zum Logo für Atomkraft geworden sind, mit der sie ursächlich nichts zu tun haben. Kühltürme sind Kondensationsmaschinen des 19. Jahrhunderts und ein Zeichen für unglaublichen technischen Konservatismus.

Wenn der Abdampf der Honigmannschen Natronlok in die Lauge strömt und dort augenblicklich zu Wasser wird, geschieht in diesem Augenblick also zweierlei: Die beträchtliche *Kondensationswärme* des Wassers wird frei (dank der Physik) und zusätzlich eine *Verdünnungswärme* (dank der Chemie). Diese Wärmemengen gibt die Lauge sofort an den Wasserkessel weiter, dort wird neuer Dampf erzeugt, der treibt die Dampfmaschine, gibt dort einen Teil der Energie ab, gerät in die Lauge, gibt alle Kondensationswärme an die Lauge ab, die gibt die Wärme an den Wasserkessel und so weiter – ad infinitum? Wer die Beschreibung der Vorgänge zum ersten Mal liest, denkt unwillkürlich an ein Perpetuum mobile. Gleich drauf denkt er: So ein Quatsch, das kann doch nicht sein, ein so honoriger Mensch wie dieser Honigmann, Chemiker immerhin, wird sich doch nicht auf so einen Unfug eingelassen haben!

Der naturwissenschaftlich angehauchte Leser weiß natürlich, dass beim Begriff »Perpetuum mobile« die Alarmglocken schrillen müssen. Die Maschine, die sich selber antreibt, ist in der Physik die Sünde wider den Geist, die bekanntlich nicht vergeben wird (Mark. 3.29). Kein sonst knochentrockener Sachbuchautor versäumt es, bei diesem Thema die eine oder andere Anekdote aus dem Patentamt einzufügen – eine milde Form der »Steinigung des Teufels«, der sich gläubige Muslime auf der Pilgerfahrt gen Mekka befleißigen sollen. Wir lassen die Schrullen über uneinsichtige Perpetuum-mobile-Erfinder weg, es besteht ja auch weder Grund noch Gefahr des physikalischen Sündenfalls. Der erste Antrieb der Natronlok, das erste Kilo Dampf gewissermaßen, stammt ganz einfach aus der Wärmeenergie der Natronlauge, die sie ganz legal durch landestypisches Heißmachen in einem Kessel gewonnen hat. Wenn nun der Dampf wieder in die Lauge fährt, gibt er natürlich nicht *alle* Energie an sie ab, die seine Erzeugung gekostet hat, sondern *weniger*. Einen Teil der Energie hat er ja schon dazu gebraucht, die Dampfmaschine anzutreiben und die Natronlok von der Stelle zu bewegen. *Gleichzeitig* entsteht in der Lauge eine Zusatzwärme durch die *Verdünnung*, die chemische Reaktion der Lauge mit dem Wasser, das aus dem Dampf entstanden ist. Diese Zusatzwärme kompensiert nicht nur die Energie, die der Dampf mechanisch geleistet hat, sondern auch die gewöhnlichen Wärmeverluste durch Strahlung und Wärmeleitung: die Natronlok fährt ja mit anfänglich 170 Grad heißem Kessel in einer viel kühleren Umgebung, irgendwie isoliert ist sie nicht. Also könnte die Lok ewig weiterfahren, doch Perpetuum mobile? Natürlich nicht. Denn im Verlauf der Fahrt wird die Lauge durch den unablässig einströmenden Dampf immer *dünner*. Eine *dünnere* Lauge hat aber einen *niedrigeren* Siedepunkt. Man begann mit 900 Kilo Natronlauge von 83 Prozent Natriumhydroxidgehalt. Der Siedepunkt dieser Flüssigkeit lag bei 220 Grad. Die Lauge wurde nicht bei dieser Temperatur, sondern bei knapp 180 Grad eingefüllt. Beim Fahren änderte sich die Temperatur der Lauge kaum. Der erzeugte Dampf war etwa 170 Grad heiß, was etwa 7 Atmosphären Druck entspricht. Das Einzige, was sich nun im Laufe der Zeit deutlich ändert, ist der Siedepunkt der Lauge. Der nimmt der fortlaufenden Verdünnung entsprechend ab. Wenn der Siedepunkt endlich auf die reale Temperatur der Lauge gefallen ist, fängt sie selber an zu kochen und kann nun den Abdampf nicht mehr vollständig aufnehmen, ein Teil wird durch die Lauge hindurchströmen und durch ein Ventil ins Freie entweichen.

Moritz Honigmann meldete sein Verfahren am 8.5.1883 unter der Nr. 24 993 in Berlin zum Patent an: »Über das Verfahren zur Entwicklung gespannten Dampfes durch Absorption des abgehenden Maschinendampfes in Aetznatron oder Aetzkali von Moritz Honigmann in Grevenberg bei Aachen.« Am 3. Juli desselben Jahres trat er damit in würdiger Form an die Öffentlichkeit: Der Rektor der Technischen Hochschule Aachen, Prof. Wüllner, stellte in seiner Rektoratsrede die Honigmannsche Natronlok dem Fachpublikum vor. Schon im August und September wurde das neue Verfahren gewissermaßen auf Herz und Nieren geprüft, man hatte dazu jemand Auswärtigen, nämlich den Professor Riedler und dessen Assistenten Gutermuth von der königlich technischen Hochschule in München herbeigeholt, wohl um dem Vorwurf einer allzu engen Beziehung und der Kungelei mit der TU Aachen von vornherein den Wind aus den Segeln zu nehmen. Dass der Rektor einer solchen Institution die Präsentation einer Erfindung übernimmt, passiert einem unbekannten, kleinen Erfinder jedenfalls nicht; man sieht daran: Moritz Honigmann war nicht irgendein technisch begabter Niemand.

Geboren wurde er 1844 als Sohn des Eduard Honigmann in Düren. Die Honigmanns waren eine angesehene Bergmannsfamilie, wobei allerdings nicht an den kohlestaubverklebten Hauer zu denken ist. Eduard Honigmann hatte nach dem Besuch der Bergschule in Bochum in Bonn und Berlin studiert und stieg die Karriereleiter vom Bergeleven und Markscheidergehilfen über den Markscheider zum Bergamtsassessor und Bergmeister auf. Schließlich wurde er Bergrat. Er erwarb sich große Verdienste um die Entwicklung des Aachener Bergbaus, hatte er doch ein Fettkohlevorkommen entdeckt, dessen Erschließung wegen der schwimmenden Gebirgsschichten große Schwierigkeiten machte. Es gelang ihm nicht nur, diese zu überwinden, sondern auch die Leitung der Grube Maria in Höngen zu übernehmen. Er hatte 1853 den Staatsdienst verlassen und war in die Privatwirtschaft gewechselt. Die Grube verkaufte er später und erwarb neue Kohlengruben, die er mit großem Geschick ausbaute. Hier müsste es heißen: ausbauen ließ. Natürlich ist diese große Start-up-Phase der deutschen Industriegeschichte mit einer erheblichen Ausbeutung menschlicher Arbeitskraft verbunden.

Sohn Moritz studierte nicht das Bergfach wie der Vater, sondern Chemie an den Technischen Hochschulen Berlin, Zürich und Karlsruhe. Danach trat er in die chemische Fabrik Rhenania in Aachen ein. Dieses Unternehmen stellte spezielle Öfen her, mit denen man aus Zinkblende und Bleiglanz Zink und Blei gewinnen konnte. Die Rhenania war aber weniger an den Metallen interessiert als an den »Röstgasen«, die bei dem Prozess entstanden. Zinkblende und Bleiglanz enthalten nämlich Schwefel, der als Schwefeldioxid in den Röstgasen bleibt. Aus dem Schwefeldioxid lässt sich Schwefelsäure gewinnen. Und was macht man mit der Schwefelsäure? Man macht daraus Soda. Soda ist Natriumkarbonat, das Natriumsalz der Kohlensäure. Soda war schon am Ende des 18. Jahrhunderts eine industrielle Schlüsselsubstanz. Ob man Glas herstellen wollte oder Seife, ob man Wolle waschen wollte oder Metalle entfetten, ob man Papier herstellen wollte oder Farben – man brauchte dazu Soda. Eigentlich brauchte man nur einen alkalisch reagierenden Stoff, eine so genannte Base. Wenn möglich, eine billige Base. Soda kommt im nahen Osten in Sodaseen als Mineral vor und wurde schon von den Arabern nach Europa eingeführt, für industrielle Prozesse war man aber nach wie vor auf die »Pottasche« angewiesen. Das ist das Kaliumsalz der Kohlensäure, auf den Metallbestandteil kommt es nicht so an, Hauptsache, die Kohlensäure ist als »Anion«, als negativ geladener Rest dabei – sie verbürgt die basische Reaktion. Pottasche gewann man im waldreichen Europa durch Verbrennen von Holz, Auslaugung der Asche und Eindampfen in eisernen »Pötten«, keine lebensfeindliche Chemie, sondern ein fast grünes Verfahren. Leider mit eher geringer Ausbeute.

Im revolutionären Frankreich gab es schon eine hoch entwickelte Seifenindustrie, andererseits die Notwendigkeit, aus Pottasche Salpeter herzustellen, einen unerlässlichen Bestandteil des Schießpulvers, das wiederum in großen Mengen gebraucht wurde, um all die Reaktionäre totzuschießen, die die Republik von allen Seiten bedrängten und von allen Einfuhren abschlossen. Da traf es sich gut, dass die Akademie der Wissenschaften schon 1775 einen Preis von 2500 Louisdor ausgesetzt hatte – für ein Verfahren zur Herstellung billiger Soda. Der Arzt Nicolas Leblanc hatte sich so ein Verfahren ausgedacht. Man brauchte dazu nur Kalk, Kohle, Schwefelsäure und

Kochsalz. Aus Schwefelsäure und Kochsalz entsteht zunächst Natriumsulfat und Chlorwasserstoff. (Natriumsulfat, das noch Kristallwasser enthält, heißt nach dem Apotheker Johann Rudolf Glauber auch »Glaubersalz«. Er hat es zwar nicht entdeckt, aber als Abführmittel eingeführt.) Das Natriumsulfat wird in Sodaöfen mit Kalk und Kohle erhitzt. Dabei entstehen Soda und Calciumsulfid. Beim Auslaugen mit Wasser löst sich nur die Soda und kann so herausgewaschen werden.

So weit die Theorie. Eine Beschreibung des realen Leblanc-Verfahrens, das vor hundert Jahren noch durchgeführt wurde, lässt jedem Umweltbeauftragten den kalten Schweiß auf die Stirn treten. Da wimmelt es von Nebenprodukten wie »Schwefeleisennatrium«, »Natriumeisencyanür«, »Schwefelcyannatrium« und so fort, nicht zu vergessen die Unmassen Chlorwasserstoff, die gewissermaßen ganz legal entstehen. Chlorwasserstoff ist ein Gas, das den Vorteil hat, durch einen Kamin entweichen zu können. Was es dann draußen anstellt, ist eher ein Problem des Gemeinwohls. 1863 bestimmte der »Alcali Act« in England, es dürften bei der Sodaherstellung nicht mehr als fünf (!) Prozent des Chlorwasserstoffs entweichen – der Rest musste in Wasser eingeleitet und so zu Salzsäure verdichtet werden. (Die man dann bis zur Entdeckung anderer Anwendungsmöglichkeiten in der Teerchemie diskret weggeschüttet hat.) Kurz: Leblanc hätte heute große, große Probleme beim Genehmigungsverfahren.

Nicolas Leblanc hat vierzehn Jahre an seiner Erfindung gearbeitet. Das Preisgeld bekam er nicht, die Herren von der Akademie glaubten nicht, dass es funktionieren würde – obwohl Leblanc in der Lage war, Soda herzustellen. Er lieh sich zweihunderttausend Franc von seinem Arbeitgeber, dem Herzog von Orleans (er war dessen Chirurg) und gründete 1791 mit Partnern in St. Denis bei Paris eine Fabrik, die immerhin jeden Tag bis zu 300 Kilo Soda produzierte. Dann »erlag« sie, wie es lapidar heißt, »den Stürmen der Revolution«, der Herzog wurde nämlich geköpft und die Fabrik geschlossen. Leblanc selber hatte es dabei noch gleichsam gut getroffen, weil nur die Fabrik unterging und nicht er selber wie der Kollege Lavoisier, der Begründer der modernen Chemie, der 1794 auf dem Schafott endete. Aber Lavoisier war, wie alle Theoretiker in revolutionären Zeiten, auch ideologisch angreifbar.

Praktiker wie Leblanc kommen eher durch, weil man ja doch jemanden braucht, der Soda herstellt (oder eine Atombombe baut). 1793 wurde Leblanc gezwungen, seine Erfindung »dem Allgemeinwohl zu opfern«. 1801 erhielt er sie zurück, hatte aber kein Geld mehr, den Betrieb wieder aufzunehmen. Im Armenhaus von St. Denis hat er sich 1806 erschossen, schon achtzig Jahre später erhielt er ein Denkmal im Ehrenhof des »Conservatoire National des Arts et Métiers« in Paris.

1860 erfand der belgische Chemiker Ernest Solvay den nach ihm benannten und heute ausschließlich verwendeten Ammoniaksodaprozess – und ein paar Jahre später erfand ihn Moritz Honigmann ein zweites Mal unabhängig von Solvay. Jedenfalls hat er in der Rhenania eine entsprechende Laboranlage gebaut. Beim Ammoniaksodaverfahren wird Ammoniak (ein Gas) und Kohlendioxid (ebenfalls ein Gas) in konzentrierte Kochsalzlösung eingeblasen. Dabei bildet sich festes Natriumhydrogencarbonat, das durch Glühen zu Soda verwandelt wird. Ammoniak und Kohlendioxid gewinnt man durch Aufarbeiten von Zwischenprodukten zurück – insgesamt lässt sich das Solvayverfahren in fünf Reaktionsgleichungen darstellen, die sich alle zu einer einfachen sechsten addieren: Aus Kochsalz und Kalk macht man Soda und Kalziumchlorid. Um Antipathien gegen die Chemie zu wecken oder schon vorhandene bis zur Unerträglichkeit zu verstärken, lasse man Schüler das Solvayverfahren auswendig lernen – nichts wird schneller vergessen werden und junge Menschen erfolgreicher von jeder Art Naturwissenschaft fernhalten. Die Zeitgenossen haben das nicht so gesehen, für sie war Solvay ein riesiger Fortschritt, »in hygienischer Hinsicht«. Der Chlorwasserstoff beim Leblancverfahren zerstörte die Vegetation um die Fabrik, bei der Aufarbeitung der Schwefelrückstände ließ sich »das Auftreten von Schwefelwasserstoff nicht immer vermeiden«. Das ist jenes Gas, das nach faulen Eiern riecht. Umwelttechnisch war Leblanc-Soda eine Sauerei, die jede Kokerei in den Schatten stellte. Das Solvayverfahren lief dagegen in wässrigen Lösungen, vergleichsweise geradezu idyllisch, das unerwünschte Kalziumchlorid wurde einfach in den nächsten Fluss geschüttet, kein Problem.

Die Rhenania wollte jedoch davon nichts wissen. Sie hatte Abnahmeverträge für Schwefelsäure mit den Zinkhütten und stellte aus der anfallenden Salzsäure Chlorkalk her, ein höchst einträgliches Nebenprodukt. Honigmann schied aus und machte sich selbstständig. 1870 gründete er in Würselen die erste deutsche Ammoniak-Soda-Fabrik, die er erst 1910 an den Solvaykonzern verkaufte.

Das Herstellen von Soda hat den Fabrikbesitzer Honigmann wohl nicht ausgefüllt, er war ein Tüftler und Erfinder, wich aber vom kanonischen Typus ab, der durch Schulden, hungernde Kinder, eine ergeben leidende Gattin und eine vollkommen verständnislose, ja feindselige Umwelt charakterisiert ist. So einer war Honigmann nicht. In den achtziger Jahren hat er wohl einen Heißluftmotor erfunden, von dem allerdings nur bekannt wurde, dass er nicht funktioniert hat. Sein Natronverfahren hat sehr wohl funktioniert.

Nach verschiedenen Vorversuchen baute er eine Lok für die Aachener und Burtscheider Pferdebahngesellschaft. Sie wurde in Aachen vom Juni

»Die Bewegung der Maschine war eine so ruhige und gleichmäßige, dass die Passagiere gern mit derselben fuhren.«

1884 bis zum März 1885 auf einer ein Kilometer langen Strecke eingesetzt, die beträchtliche Steigungen von bis zu drei Prozent aufwies. Diese heute lächerlich erscheinenden Steigungen waren es auch, die nach einer technischen Alternative zum Biologischen suchen ließen. Praktisch jede in Aussicht genommene Erweiterungsstrecke ins Umland drohte mit noch größeren Steigungen. Auf der ersten dieser Strecken mussten Kutscher und Passagiere oft aussteigen, weil die armen Viecher sonst die Höhe nicht schafften. Am Anblick schwitzender Passagiere, die in der Julisonne neben Tramwagen und dampfenden Pferdeleibern einhertrotten, entzündet sich natürlich der Hohn der Spätgeborenen; für die Zeitgenossen war die Sache nicht so lustig. Der Spätgeborene hat in aller Regel auch keine Ahnung, was ein Pferd eigentlich leisten kann: Hilfreich ein Vergleich mit der ältesten Eisenbahn auf dem europäischen Kontinent, der 120 Kilometer langen Pferdeeisenbahn zwischen Linz und Budweis, die von 1832 bis 1872 in Betrieb war. Eigentlich sollte darauf nur das Salz des Salzkammerguts in die böhmischen Länder transportiert werden, bald nach Eröffnung nahm man aber auch den Personenverkehr auf. 10 bis 12 km/h für Personenwagen, 3 bis 4,5 km/h für Güterwagen. Die Umspannstationen lagen im Schnitt 21 Kilometer auseinander, diese Strecke mussten die Pferde zweimal am Tag zurücklegen (hin und zurück). Insgesamt waren sechshundert Pferde eingesetzt; statistisch stand auf dieser Strecke alle zweihundert Meter ein Gaul – all diese Tiere mussten gefüttert, getränkt, abgerieben und versorgt werden. Bei der Aachener Straßenbahn wird das nicht anders gewesen sein; von den 133 Bediensteten im Jahre 1881 waren 60 Prozent mit den Pferden beschäftigt.

Die Verantwortlichen der Aachener Pferdebahn handelten bei ihrer Entscheidung für die Natronlok nicht gründerzeitlich tollkühn, sondern konnten auf ausgeführte Anlagen verweisen: In Berlin fuhr so eine Tram nach Charlottenburg, im näheren Umfeld waren zwei Natronlokomotiven in Kohlegruben im Einsatz, schließlich gab es auch eine »richtige« Lok mit liegendem Kessel auf der Industriebahn zwischen Jülich und Aachen.

Nach acht Monaten war das Ergebnis des Straßenbahntests durchaus positiv. Die Natronlok fuhr ruhig, gleichmäßig und lautlos, die Steigungen überwand sie wie nichts, und billiger war das Ganze auch noch. Ein Kilometer System Gaul kam auf 25 Pfennig, ein Kilometer System Honigmann auf 16 Pfennig.

Und nun? Einführung der Natronlok in Aachen, Verbesserung und Ausweitung des Netzes, Siegeszug des Natronverfahrens, anderer Verlauf der Industriegeschichte? Nichts von alledem. An diesem Punkt der Geschichte, März 1885, beginnt sich ein merkwürdiger epistemologischer Nebel auszubreiten. Von der Natronlok ist fortan ganz einfach nicht mehr die Rede. Die Quellen verstummen. Als Abgesang des Aachener Experiments liest man noch ein paar dürre Sätze von zu leichter Gleiskonstruktion und erhält einen seltsamen Hinweis auf die Kupferkessel der Abdampfstation, die auf die Dauer von der Natronlauge zerfressen worden seien. Na schön. Hier möchte man sich kopfschüttelnd aus der Zeit der Zylinder und Vatermörder verabschieden. War halt eine verrückte Idee, von der Entwicklung überholt und so weiter. Halten wir doch noch ein wenig inne, es wird sich lohnen: Die im Fahrbetrieb dünn gewordene Lauge wurde natürlich nicht weggeschüttet – dazu war und ist Natronlauge viel zu teuer –, sondern durch Verdampfen des Wassers wieder eingedickt. Die Natronlok war eben kein Perpetuum mobile, sie war nur eine elegante Methode, das Verbrennen von Kohle und das Erzeugen von Dampf räumlich zu trennen.

Wenn wir die Frage untersuchen, woher denn die konzentrierte Natronlauge gekommen ist, stoßen wir auf ein Rätsel. Die konzentrierte Lauge stammte nämlich von der Honigmannschen Fabrik. War das nicht eine Sodafabrik? Soda und Natronlauge sind nicht dasselbe, die Lauge lässt sich aber aus Soda herstellen. Das älteste Verfahren dazu heißt »Kaustifizieren« (»ätzend machen« vom griechischen »kaustikós«). Dazu musste man nur Soda mit gelöschtem Kalk reagieren lassen, beide in Wasser gelöst – dann passiert der in der anorganischen Chemie so beliebte Partnertausch: Aus dem Natrium*karbonat* und dem Kalzium*hydroxid* wird Natrium*hydroxid* und Kalzium*karbonat*. Letzteres ist einfach Kalkstein und in der schwer basischen Lösung nicht gut löslich, es fällt aus, bildet einen Bodensatz. Man kann es abfiltrieren. Das Flüssige ist eine Lösung von Natriumhydroxid in Wasser – verdünnte Natronlauge. Die wird man nicht so verkaufen, mit all dem Wasser dabei, sondern *eindampfen*. Bis zum trockenen Natriumhydroxid. Eine etwas schmierige, weiße Masse. Sie schmilzt leicht und kann in beliebige Formen gegossen werden. In Pillen, Stangen, Barren. Das Zeug heißt »Ätznatron« und wird so verkauft. Wenn der Kunde Natronlauge will, braucht er bloß wieder (vorsichtig!) Wasser dazuzuschütten. Kein Problem. Das Schlüsselwort heißt hier *eindampfen*. Jede Sodafabrik hat das so gemacht. Eingedampft. Heute stellt man Natriumhydroxid elektrochemisch her, aber auch heute muss zur Erzeugung des festen Ätznatrons eingedampft werden. Eine technische Grundoperation. Warum sollte das ausgerechnet bei der Aachener Straßenbahn nicht funktioniert haben? Die Abdampfstation lag natürlich nicht bei der Honigmannschen Fabrik, sondern in Aachen; der Kessel soll aus Kupfer gewesen sein und die Lauge nicht ausgehalten haben. Der von Professor Riedler und Assistent Gutermuth in ihren Experimenten verwendete Kessel war aus Gusseisen und zeigte nach drei Monaten innen einen gewissen Angriff durch die ätzende Lauge. Riedler machte die hohen Abdampftemperaturen von über 200 Grad dafür verantwortlich; das Problem war in der Industrie offenbar bekannt, er schätzte die Lebensdauer solcher Abdampfkessel auf ein bis zwei Jahre und nennt das einen »Uebelstand des Verfahrens«, der jedoch durch »die geringe Reparaturbedürftigkeit der Natronkessel ... theilweise aufgewogen werden dürfte.« Sicher ist kein Betreiber begeistert, wenn er alle zwei Jahre einen neuen Abdampfkessel kaufen darf. Honigmann selbst hat das offenbar eingesehen: Man brauchte gar keine so hohen Abdampftemperaturen. Es genügten achtzig bis neunzig Grad, wenn die Natronlauge *im Vakuum* eingedampft wurde. Dazu hatte er sich ein schlaues Verfahren ausgedacht, das mit einer stationären Dampfmaschine, einem Kompressor und zwei Kesseln arbeitete. Mit diesem Apparat wurde die Natronlauge in der Sodafabrik eingedampft.

Es existiert in der Chemie eine berühmte Faustformel: danach verdoppelt sich die Geschwindigkeit einer chemischen Reaktion, wenn man die Temperatur um 10 Grad erhöht. Umgekehrt gilt natürlich eine Halbierung der Geschwindigkeit bei Abkühlung um 10 Grad. Kühlt man aber um 120 Grad ab (von 200 auf ca. 80) wie im vorliegenden Fall, dann sinkt die Geschwindigkeit auf unter ein Viertausendstel. Hätte also der Kessel bei der hohen Temperatur der ätzenden Lauge ein Jahr standgehalten, dann bei der niederen viertausendmal so lang.

Assistent Gutermuth hat sogar ein Verfahren angegeben, wie man mit Hilfe eines Kompressors auf den Eindampfkessel überhaupt verzichten konnte. Die thermischen Vorgänge ließen sich nämlich umkehren; aus dem Natronkessel wurde Dampf abgesaugt, komprimiert und dem Wasserkessel zugeführt, wo er zu Wasser kondensiert, die Kondensationswärme abgibt und nun umgekehrt zum Eindampfen der Natronlauge führt.

Fazit: Die überlieferten Schwierigkeiten des Verfahrens lagen nicht im Betrieb der Lok selbst, sondern beim Eindampfen der Lauge – und genau das war ein industriell bekannter, vielfach angewandter und gut beherrschter Prozess. Wäre das nicht so gewesen, hätte die gesamte Industrie bis zum Einsatz des Elektrolyseverfahrens im 20. Jahrhundert auf Natronlauge verzichten müssen, eine schlechthin absurde Vorstellung.

Warum wurde dann nach wenigen Monaten auf das Natronverfahren verzichtet? Warum findet sich später nicht mehr der geringste Hinweis? Das bleibt ein Rätsel. Es ist umso befremdlicher, als Gutermuth in seiner letzten Veröffentlichung 1885 (sie erschien etwa zwei Monate vor Abbruch des Versuchsbetriebs in Aachen) sehr deutlich auf die unterschiedliche Widerstandsfähigkeit der Kesselmaterialien eingeht. Er referiert Versuche Honigmanns, der Bündel von Kupfer-, Messing- und Eisendraht in verschieden konzentrierten Laugen stundenlang gekocht und den eingetretenen Gewichtsverlust bestimmt hat. Der war bei Kupfer und Messing null, bei Eisen durchaus messbar – dass Eisenkessel zum Eindampfen der Lauge nicht das Gelbe vom Ei sein konnten, war also bekannt. Gutermuth empfiehlt für die Zukunft Kupferkessel; die Wandstärken ließen sich bei ihnen ohne Rücksicht auf chemischen Angriff so schwach ausführen, wie es die Festigkeitslehre eben erlaubt, das ergebe das geringst mögliche Gewicht. Im selben Artikel in der VDI-Zeitschrift berichtet er, es seien in der Eindampfstation »neuerdings kupferne Abdampfkessel in Form gewöhnlicher Langkessel in Aussicht genommen«, die eine bessere Ausnützung der Heizgase versprechen (und bedeutend länger halten). Dazu ist es offenbar nie gekommen.

Warum?

Die einzige Erklärung ist die gewöhnliche, soll heißen, fast immer zutreffende und peinliche: das Überwiegen der Beharrungskräfte in einem entscheidenden Moment der Entwicklung. Denn die Natronlok hatte zweifellos Gegner, wie aus Zuschriften der VDI-Zeitschrift zu entnehmen ist. Das ist unausweichlich. Wenn einer etwas erfunden hat, gibt es ein halbes Dutzend prinzipienfester Anwälte des Hergebrachten, die auf dem Papier haarklein beweisen, warum die Erfindung a) nicht funktionieren kann oder b) auch wenn sie funktioniert, keinerlei Vorteil bringt.

Fassen wir kurz zusammen: Die Natronlok lief in Aachen zur Zufriedenheit von Publikum und Personal. Leicht, leise und billig. Einziges Problem waren die Eindampfkessel für die Lauge, alte gusseiserne Rundkessel, die vom ätzenden Inhalt sichtbar angegriffen wurden. Das Folgende ist reine Spekulation, erscheint mir aber glaubhaft: die alten Kessel durch viel teurere aus Kupfer zu ersetzen – »KOMMT ÜBERHAUPT NICHT IN FRAGE, DAS WÄR JA NOCH SCHÖNER!« Es findet sich immer eine kräftig polternde Stimme, die diesen immer gleichen Satz ins entsprechende Gremium schleudert. »Das Ganze war doch von Anfang an eine Schnapsidee ... ich hab's doch gleich gesagt ... Was, noch mal tausend Mark? Ihr seid ja verrückt!« und so weiter und so fort. Leicht möglich, dass der Siegeszug der Natronlokomotive in einer einzigen, entscheidenden Sitzung gestoppt wurde. Die Aachener Straßenbahngesellschaft hat auf die Honigmannsche Erfindung jedenfalls verzichtet.

Feuerlose Lokomotiven werden für Spezialanwendungen auch nach 1885 noch erwähnt, es finden sich auch Berechnungsunterlagen, die sich aber immer nur auf die Lok von Lamm-Francq beziehen, als ob die Natronlok nie erfunden worden wäre. Nur der Technikhistoriker Conrad Matschoß erwähnt sie in seinem 1925 erschienenen Werk »Männer der Technik«, und zwar lobend: »Der bedeutendste Vorteil gegenüber anderen feuerlosen Lokomotiven ist wohl darin zu suchen, dass die Natronlokomotive je Pferdestärkenstunde ein Füllungsgewicht von 20 kg hat, während die Heißwasserlokomotive 200 kg, die durch elektrische Akkumulatoren betriebene Lokomotive 100 kg Füllungsgewicht haben.«

Uns stellt sich heute die Frage, ob das Natron*verfahren* eine Zukunft hätte haben können – oder sogar hat. In seiner letzten Veröffentlichung zum Thema vom Februar 1885 gibt Gutermuth Berechnungsbeispiele für die fortgeschrittenste Version des Verfahrens. Die dort angeführten Rangier-, Straßenbahn- und Schiffsmaschinen sind uns heute fern; die Zahlenangaben für Laugengewicht und mitgeführtes Betriebswasser für heutige Anwendungen obsolet. Für uns ist das Natronverfahren einfach eine Methode der *Energiespeicherung,* ein System aus Natronlauge und Wasser. Umgerechnet ergibt sich dann ein Wert von etwa 35 Wattstunden pro Kilo Gesamtgewicht, das allerdings noch nicht das Gewicht des Kessels beinhaltet, der ja nicht, wie der Benzintank, aus dünnstem Blech gefertigt sein kann. Rechnet man den Kessel mit ein, fällt die Energiedichte weiter ab, überschlagsmäßig auf 25 bis 30 Wattstunden pro Kilo – das ist die Energiedichte des guten alten Bleiakkus, der an dieser Stelle natürlich erwähnt wird, weil mit ihm als Stromspeicher die ersten Elektroautos betrieben wurden. Bei denen war der Akku die Schwachstelle, die Reichweite auf vierzig bis fünfzig Kilometer begrenzt. Den Akku hat man inzwischen erfreulich hochgezüchtet, etwas Ähnliches steht beim Honigmannverfahren aus prinzipiellen Gründen nicht zu erwarten. Ein »Honigmann-Auto« wird es also nicht geben.

Aber fürs Auto gibt es ohnehin bessere Lösungen (siehe Kapitel Imbert-Generator). Wo Honigmann heute noch punkten könnte, ist der Bereich *solarer Energiespeicherung.* Denn der Reiz des Verfahrens liegt nicht in der exotischen Art und Weise der Dampferzeugung, sondern beim Eindampfen: Dazu brauche ich Wärme, und die entnehme ich heute nicht mehr »minderwertiger Förderkohle«, wie Gutermuth schreibt, sondern der Sonne. Honigmann erlaubt, in Zeiten solaren Überschusses die Sonnenenergie zum Eindampfen von Lauge zu verwenden. Bekannt und in Gebrauch sind wannenartige Kollektoren, die die Sonnenstrahlung auf eine »Brennlinie« lenken. Dort verläuft ein Rohr, in dem Wasser verdampft wird. Der Dampf treibt einen Generator und erzeugt Strom, die Hitze von überschüssigem Dampf kann man dazu verwenden, die Natronlauge einzudampfen. Die so hoch wie möglich aufkonzentrierte Natronlauge dient einfach als Energiespeicher.

Nehmen wir überschlagsmäßig einmal an, das ganze Jahr bestehe ein konstanter Stromverbrauch von 700 Watt pro Haushalt. Das Angebot an

Sonnenstrahlung ist sicher nicht konstant, sondern folgt im Laufe des Jahres einer Sinusfunktion. Im Sommer liegt es über dem Schnitt, im Winter darunter. Aber auch im tiefen Winter gibt es Sonne; in Deutschland leistet ein Kollektor im Winter immerhin noch ein Fünftel vom Sommerwert. Der konzentrierende Kollektor sei so groß bemessen, dass er für unseren Modellhaushalt im Sommer locker den Strom erzeugt, dazu einen Überschuss – der in Form von konzentrierter Natronlauge für den Winter aufgehoben wird. Das müssten dann über dreißig Kubikmeter sein, was aber locker in einen zylinderförmigen Tank passt, der dreieinhalb Meter Durchmesser hat und genauso hoch ist.

Dieses Beispiel ist natürlich grob vereinfacht. Weder ist unser Stromverbrauch das ganze Jahr konstant, noch sind irgendwelche Verluste berücksichtigt. Es ist sicher auch nicht jedermanns Sache, vierzig Tonnen konzentrierte Natronlauge im Keller zu haben. Das Stromerzeugen mit photovoltaischen Zellen ist einfacher, leiser, sauberer. Speichern kann man den Strom bis heute nur in Batterien – oder im Netz. Batterien sind teuer und entladen sich selbst, eine saisonale Speicherung ist so nicht möglich. Der elektrische Strom ließe sich durch Elektrolyse in Wasserstoff umwandeln, worin viele das Heil und die Grundlage einer künftigen solaren Energiewirtschaft erblicken. Allerdings gibt es immer noch keine billigen Elektrolyseapparate (und, nebenbei bemerkt, billige Solarmodule gibt es auch nicht).

Dennoch wird Wasserstoff hofiert, auf ihn wird gehofft. Es mag daran liegen, dass die Erzeuger prestigeträchtiger Nobelkarossen wie BMW und Mercedes auch seit Jahrzehnten auf Wasserstoff setzen. In Wasserstoff steckt eine gewaltige Energie: in einem Kilogramm mehr als tausendmal so viel Energie wie in einem Kilogramm Natronlauge – 34 Kilowattstunden. Ein Kilogramm Wasserstoff nimmt aber gut zehn Kubikmeter Raum ein. Wer nicht viel Platz hat, muss komprimieren. Wasserstoff wird normalerweise bei 200 Atmosphären Druck in Stahlflaschen transportiert. Wenn man den Wasserstoff weit genug abkühlt, wird er flüssig. Die allseitige Euphorie über Flüssigwasserstoff ist nicht recht verständlich. Das Zeug ist immerhin minus 250 Grad kalt und hat als tiefkalte Flüssigkeit nur 40 Prozent des Energieinhaltes von Benzin, denn flüssiger Wasserstoff ist elfmal leichter als Benzin.

Der Tank muss sehr gut gegen die Außenwärme isoliert werden, der ist nicht einfach eine große Thermosflasche. Mit dem Gewicht der Superisolation erreicht das System eine Energiedichte von knapp 5 Kilowattstunden pro Kilo, etwa die Hälfte eines Benzintanks. Flüssigen Wasserstoff zu tanken ist bis jetzt eher etwas für Chemieingenieure, weil die Zuleitungen natürlich ebenfalls auf tiefe Temperaturen gekühlt werden müssen.

Das vorgestellte Konzept mit konzentrierendem Kollektor und Dampf als Betriebsstoff ist schon vor einem Vierteljahrhundert ausprobiert worden. Als Energiespeicher diente einfach ein Heißwasserkessel wie beim System von Lamm-Francq. Alle Komponenten waren schon damals bewährt und in der Praxis erprobt. Das Honigmann-Speicherverfahren käme jetzt noch hinzu und könnte die solare Stromerzeugung geographisch auch auf jene Länder ausdehnen, die von der Sonne nicht so verwöhnt werden wie die arabische Halbinsel. Die Energiespeicherung über ein halbes Jahr ist ja der nicht überbietbare Extremfall – wenn es nur darum geht, verregnete vierzehn Tage zu überbrücken, kann auch der Natronlaugetank viel kleiner sein. – Aber das sollen sich im Einzelnen die Solaringenieure überlegen.

Es gibt Erfindungen, die schnell vergessen wurden, und andere, die nur kurz »abgerutscht« sind. Die Tiefe des Vergessens ist unterschiedlich. Eine andere Einteilung gibt Antwort auf die Frage: Ist die Erfindung zu Recht vergessen worden? Bei manchen ist es schade, dass sie vergessen wurde, bei anderen ist es egal. Honigmanns Natronlok gehört sicher in die Kategorie der gründlich vergessenen Erfindungen.

Und zu denen, um die es besonders schade ist.

Der Semaphor

Die griechische Silbe »phor« kommt vom Wort »pherein«, das bedeutet »tragen«. Davor steht »sämaia« – »Fahne, Feldzeichen«. Der »Sämaiophoros« ist also der »Fahnenträger«, eine Person, beim neuzeitlichen Semaphor ist daraus ein Apparat geworden, der allerdings noch erheblichen Personals zu seiner Bedienung bedurfte. Eine etwas prosaischere und technischere Übersetzung lautet »Signalmast«. Dazu fallen uns Zeitgenossen noch am ehesten die Signalmasten der Eisenbahn ein, aber sonst? Der Semaphor ist also eine Vorrichtung zur Übermittlung von Signalen, mit dieser Tätigkeit sind wir ganz in der Gegenwart, gegenwärtiger geht's gar nicht, der Großteil von dem, was der Großteil von uns im Beruf den lieben Tag lang macht, ist eben genau dies: Signale übermitteln. Mit der Tastatur vor uns an die Maschine dahinter, mittelbar an andere, weit entfernte Maschinen und ihre Benutzer, Bediener – die Gegenwart selber heißt pathetisch danach: Informationszeitalter, Informationsgesellschaft. Wir übermitteln die »Signale« durch Kupferkabel, oder aber immer häufiger durch Mikrowellen an Satelliten oder häufiger über Glasfaserkabel, die aneinander gelegt mittlerweile elftausendmal um den Erdball reichen; mit Signalübertragung kennen wir uns wohl aus. Falsch: Die wenigsten kennen sich damit aus – aber alle machen es ganz selbstverständlich. Was bedeutet da ein »Semaphor«? Nichts, gar nichts.

Wir haben uns die Frage in diesem Buch vergessener Erfindungen schon mehrfach gestellt: Wie »vergessen« ist die jeweilige Erfindung, welche Art von »Vergessenheit« haftet ihr an? Mit dem Semaphor kommt nun wieder eine neue Kategorie des Vergessens ins Spiel. Er ist *zu Recht* vergessen. Das Einzige, das er noch hat, ist das Recht, in einem Buch mit dem Titel »Vergessene Erfindungen« vorzukommen. Womit ich natürlich implizit behaupte, dass *die anderen* Erfindungen weiter gehende Rechte hätten – sagen wir besser: weiter reichende Bedeutung. Denn fast alle anderen sind immer noch *brauchbar*, werden nur unter den Bedingungen der Gegenwart nicht gebraucht. Dass Autofahren mit Imbertgenerator und Holz eine praktische Sache ist, wenn es kein Öl mehr gibt, wird niemand bestreiten; dass der Seebeckeffekt Abwärme nutzen könnte, ebenso wenig. Das Flettnerschiff ist einfach die moderne Variante des Segelschiffs, vernünftig, energiesparend, darüber braucht man kein Wort zu verlieren – all diese Erfindungen umgibt, wenn man genau hinschaut, ein schmaler Strahlenkranz: die Aura der Utopie, der besseren Welt. Diese Apparate *hätte* man einsetzen und weiterentwickeln *sollen*. Dass man es nicht getan hat, liegt am Überfluss billiger fossiler Brennstoffe.

Die Aura der Utopie fehlt dem Semaphor vollkommen. Er war die technische Lösung für ein Problem, das heute mit anderen Mitteln besser gelöst wird. Mit der modernen Informationstechnologie verbrauchen wir auch keine unersetzbaren Ressourcen, die Übertragungsgeschwindigkeit ist die des Lichtes, eine höhere ist nach Einstein auch nicht möglich (außer durch quantenmechanischen Tunneleffekt, aber darüber wird noch heftig gestritten), die Menge übertragener Information übersteigt heute schon alles, was der Erfinder des Semaphors, Claude Chappe, sich je hatte vorstellen können. Kurz: Wir haben den Semaphor in jeder Hinsicht geschlagen, wir sind ihm nicht haushoch, sondern everesthoch überlegen. Wie niemand einen Feuersteinsplitter verwendet, um ein Schnitzel abzuschneiden, nimmt auch niemand den Semaphor, um eine Botschaft zu übertragen. Und niemand wird ihn in alle Zukunft je wieder verwenden ... da sollten wir ein bisschen vorsichtiger sein. Am Semaphor nicht als *Zeichenträger*, sondern als *Zeichen* selber haftet eine düstere Konnotation: Wir müssen nur nach den Bedingungen fragen, die uns vielleicht *zwingen*, wieder ein System von Semaphoren aufzubauen. Wenn wir uns das genau überlegen, erkennen wir an dieser Erfindung des späten 18. Jahrhunderts plötzlich die dunkle Aura der *Anti-Utopie*, einer möglichen düsteren Zukunft. Wie dieses?

Setzen wir uns einfach in Herbert J. Wells Zeitmaschine und reisen wir in die Zukunft, nur ein paar hundert Jahre. Es braucht dann keine *Elois* und *Morlocks*, um uns die Haare zu Berge stehen zu lassen; es reicht schon, wenn wir in einer lieblichen Landschaft einen Semaphor erblicken, zehn Kilometer weiter den nächsten – denn dann wissen wir, dass etwas ganz entscheidend schief gelaufen ist: In einer Landschaft ohne Telegraphendrähte gibt es keinen elektrischen Strom mehr; nach Handymasten werden wir dort erst recht

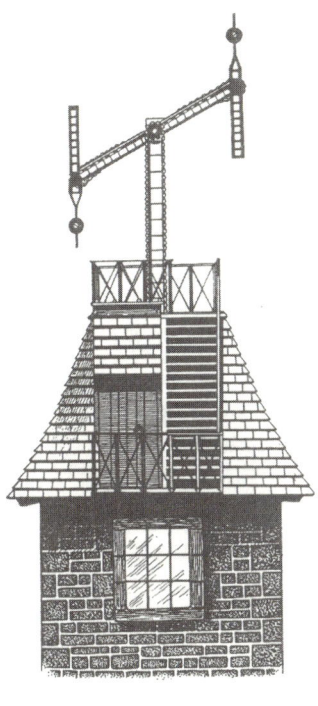

Der Semaphor von Claude Chappe. Damit wurden im 18. Jahrhundert Nachrichten übermittelt. Nicht lichtschnell wie heute, aber mit 6000 km/h.

vergeblich suchen. Die Anwesenheit von Signaltürmen würde uns darüber aufklären, dass diese Zukunftsgesellschaft ihre Kommunikationsbedürfnisse auf eine alte, überholte Art befriedigt. Sie zeugen von einem großen Vergessen. Noch bevor wir dort den ersten Menschen treffen, können wir gewiss sein, dass die elektrotechnische Zivilisation schon vor langer Zeit zu Ende gegangen ist, wahrscheinlich auf Grund einer großen Katastrophe. Der größte anzunehmende *anthropogene* Unfall (GAAU) ist der Atomkrieg. Zu seinen Details gehört auch der EMP, der »elektromagnetische Impuls«, der von einer in großer Höhe gezündeten Atombombe verursacht wird und allem Elektronischen das Licht ausbläst; alle Chips und Computer sind hinterher verschmurgelt (und ein ganzer Haufen Menschen natürlich auch). Der Rückfall in eine Zeit ohne Überflussenergie (auch alle Kraftwerke stehen ja wegen Ausfall der Steuerung still) ist ein beliebtes Sujet der »post-doomsday«-Romane der Science-Fiction.

Jetzt haben wir uns aber verplaudert, schnell zurück ins 18. Jahrhundert, als noch kein Transistor erfunden war, geschweige denn eine Bombe, ihn durch Fernwirkung wieder kaputt zu machen. Den Semaphor, der in diesem Jahrhundert erfunden wurde, zeigt die Abbildung auf der vorigen Seite. Man erkennt einen Querbalken, an dessen Enden zwei weitere Balken befestigt sind. Alle sind verdrehbar und fixierbar, und richtig: Die einzelnen Stellungen dieser drei Balken entsprechen dann den einzelnen zu übermittelnden Zeichen, Ziffern, Buchstaben, was immer Sie wollen. Toll, nicht? In einigen Kilometern Entfernung steht ein zweiter solcher Turm, dann der dritte und so weiter. Die Signalübermittlung geht so vor sich: Unter dem Signalmast gibt es ein Zimmer mit zwei fix montierten Fernrohren, ausgerichtet auf die zwei nächstgelegenen Semaphoren. An beiden sitzt ein Beobachter. Ein dritter Mann steht in der Mitte und bedient die Seilzüge. Dem großen Mast entspricht ein kleiner Modellmast im Beobachtungszimmer, der mechanisch an den großen gekoppelt ist und alle Bewegungen des großen mitmacht. Jedes Zeichen bleibt so lange stehen, bis es die nächste Station weiter signalisiert hat. Bei der ersten, 1794 in Frankreich eingerichteten Linie zwischen Paris und Lille gab es 22 Stationen für die 212 Kilometer. Die Abstände schwankten zwischen 4 und 15 Kilometer. Ein Zeichen überwand diese Distanz in zwei Minuten, nach dem doppelt so weit entfernten Straßburg in knapp sechs Minuten, ins 675 Kilometer »Luftlinie« entfernte Toulon brauchte das Signal 13 Minuten und 50 Sekunden. Interessant ist die Signalgeschwindigkeit: Sie ist erstaunlich hoch. Von Paris bis Lille rauscht der Buchstabe mit hundert Kilometern *pro Minute* dahin, das sind 6000 Stundenkilometer! Es gibt immer noch kein Flugzeug, das so schnell vorankäme. Die Concorde schafft 2300 km/h.

Die physikalische Übertragung ging natürlich genauso schnell wie die heutige Telekommunikation, nämlich mit Lichtgeschwindigkeit. Das Licht braucht für die fünfzehn Kilometer von einem Semaphor zum nächsten nur eine halbe Zehntausendstel Sekunde – die Verzögerungen entstehen erst durch die *Signalverarbeitung,* Erkennen, Aufschreiben, Weitergeben, Bedie-

nung der Seilzüge. Dafür bleiben auf der Strecke Paris–Lille knapp sechs Sekunden *pro Station.* Die Übertragung wird natürlich umso länger dauern, je
mehr Stationen auf einer Signalstrecke durchlaufen werden müssen. Die militärisch geschulten Bediener der Anlage waren sicher auf allen Strecken
»gleich gut«, wenn das Signal von Paris ins dreieinhalb mal weiter entfernte
Toulon fast siebenmal länger braucht, kann das nur am ungünstigen Gelände liegen – in hügeliger Gegend wird man mehr Stationen bauen müssen als
im Flachland.

An der hohen Geschwindigkeit der Signal*verarbeitung* erkennt man
aber, dass der Semaphor von Claude Chappe in einem anderen Umfeld entsteht und benutzt wird als seine Vorläufer. Tatsächlich ist er die erste Tele-
kommunikationseinrichtung im modernen Sinn. Es geht hier nicht mehr
um irgendwelche Signale in räumlich und zeitlich beschränkten Geschehen
wie zwischen zwei Schiffen oder benachbarten Burgen, sondern um *Befehls-
übermittlung* quer durch Frankreich. Es geht um *Fernwirkung.* »Befehl« und
»Fernwirkung« sind die Schlüsselbegriffe; eine Zentralregierung soll ihre
Anordnungen bis in die entfernten Regionen des Landes versenden und dort
wirksam werden lassen. Genau dies war der Antrieb von Chappes Erfindung, seine Motivation. Es handelt sich ausdrücklich nicht um ein zweck-
freies Unternehmen, das nachher »von der Regierung missbraucht« worden
wäre, sondern um ein Machtinstrument, das der Regierung angeboten, ja
geradezu aufgedrängt wurde. Es ist für die Erfindung des Semaphors, besser:
des *Semaphorsystems,* auch keine andere Epoche denkbar als die Französische Revolution. Nationalismus, Zentralismus, Anspannung aller Kräfte zur
Erreichung militärischer Ziele. Der Chappesche Semaphor illustriert glänzend das Prinzip von den *hinreichenden Bedingungen* einer Erfindung. Denn
daran ist zu seiner Zeit nichts Geheimnisvolles und auch nichts Neues. Eine
notwendige Voraussetzung für ein wirksames Semaphorsystem ist das Fernrohr, das schon im 17. Jahrhundert erfunden wurde, die Signaltürme mit den
drei Balken hätte jeder Tischler nicht nur zusammenbauen, sondern auch
selber erfinden können – das gilt übrigens auch heute: Sie, ich, jeder von uns
kann sich einen Semaphor ausdenken, durchschnittlich begabte Heimwer-
ker können sich sogar einen *bauen.* Ohne dazu Werkzeuge zu benutzen, die

etwa das Mittelalter noch nicht gekannt hätte. Das Neue am Semaphor liegt nicht in einer unerhörten Technik – das und nur das assoziieren wir zuallererst mit dem Begriff »Erfindung« –, sondern in einer geistigen Wende. In diesem Revolutionskrieg gegen halb Europa geht es richtig zur Sache, das kein kleiner Kabinettskrieg mit gepressten Soldaten, es ist Volkskrieg, aber auf einer Ebene weiter innen handelt es sich nicht mehr um nationale Begeisterung, es handelt sich um ein »in Form sein«, das nichts zu tun hat mit der hineingeprügelten Disziplin der Soldaten des 18. Jahrhunderts – die Disziplin der Bediener des Semaphors ist eine ganz andere als die der marschierenden Schützenreihen, sie ist verinnerlicht; sie sind nur zu dritt in diesem Turm, in jedem dieser Türme. Keine Aufpasser. Fünfzig Jahre später werden es in ganz Frankreich 534 Türme sein. Die Nachrichten waren natürlich verschlüsselt, nur Sender und Empfänger konnten sie lesen, für alle Mittelstationen sinnloser Buchstabenkauderwelsch – auch für den Adressaten, falls nämlich nur ein einziges Zeichen falsch übermittelt wurde! Man stelle sich friderizianisches oder kaiserliches Militär in solchen Semaphoren vor – Leute, mit denen man nicht durch dichteren Wald marschieren durfte, weil dabei ein Drittel desertiert ist, man stelle sich die Qualität der Übertragung vor, wenn sie Menschen anvertraut ist, die allein die Furcht vor der Folterstrafe des Spießrutenlaufens bei der Stange halten konnte: Für Friedrich II. wäre der Semaphor als militärisches Instrument nutzlos gewesen.

Claude Chappe wurde 1763 in Brûlon geboren. Er war der jüngste Sohn einer kinderreichen und angesehenen Familie, sein Onkel Jean Chappe d'Auteroche gehörte zum Adel der Auvergne. Von ihm wird noch die Rede sein. Der junge Claude sollte Geistlicher werden und wurde das auch. Er war kaum zwanzig, als er zwei Pfründen erhielt, die ihm nicht nur ein Leben ohne materielle Nöte, sondern auch ein Leben nach seinen Neigungen ermöglichten. Diese Neigungen galten nicht Mätressen, Glücksspiel und politischen Intrigen, wie es einem Geistlichen im Ancien Régime sozusagen angemessen gewesen wäre. Sein Interesse galt der Physik. Er machte Experimente, untersuchte die Physik von Seifenblasen und begann in den gelehrten Zeitungen fleißig zu publizieren.

Dann kam die Revolution. Persönliche und Standesinteressen wichen

Claude Chappe,
Inventeur du Télégraphe.
Né à Brûlon (Sarthe), en 1763 . Mort à Paris, le 23 Janvier 1805.
D'après un portrait donné par Mr Louis Peuget-Maisonneuve.
Inspecteur des Lignes Télégraphiques.

Claude Chappe wurde 1763 als Abkömmling einer adligen Familie in Brûlon geboren. Als Geistlicher mit zwei reichen Pfründen versehen, widmete er sich seiner Neigung, der Naturforschung. 1792 erfand er nach langen Vorstudien den Zeigertelegraphen. Die Erfindung funktionierte, Neider und Feinde verbitterten ihn aber so, dass er sich am 23. Januar 1805 in Paris durch Sturz in einen Brunnen das Leben nahm.

dem großen, nationalen Interesse. Wie bei manchen Drogen bringt die erste Dosis Nationalismus die massivste Wirkung, viele versuchten nach ihren Kräften die Ziele der Revolution zu befördern. Claude Chappe wurde 1792 Mitglied der philomathischen Gesellschaft, die sich der »Philomathie« widmete – ein Verein für »Wissensdrang«. Das Problem der Nachrichtenübermittlung begann ihn zu interessieren. Dieses Problem war nicht neu. Schon in der Antike wurden Signale mit Flaggen, in der Nacht mit Fackeln übermittelt. Der griechische Geschichtsschreiber Polybios berichtete schon im 2. Jahrhundert v. Chr. in seiner Universalgeschichte (nur fünf Bände von vierzig haben sich erhalten) über antike Signalsysteme; die Sache hat ihn so fasziniert, dass er sich ein eigenes ausgedacht hat. Polybios benutzte die *Matrix* als Grundlage seines Signalsystems, eine rechteckige Anordnung des griechischen Alphabets in fünf Reihen zu je fünf Spalten. Zur Signalübermittlung brauchte man nun bloß noch zehn Fackeln, in zwei Gruppen zu je fünf auf Ständern angeordnet, die Gruppen mit deutlichem Abstand voneinander. Die linke Gruppe galt, sagen wir, für die Reihen, die rechte für die Spalten. Nun stand zum Beispiel der Buchstabe »Theta« (θ) in der zweiten Reihe und der dritten Spalte. Zur Übermittlung von »Theta« mussten in der linken Fackelgruppe zwei Fackeln entzündet werden, in der rechten drei, schon wusste die zweite Station, das »Theta« gemeint war. Genial, nicht? Die Fackeln sollten nicht einzeln angezündet und wieder gelöscht werden, man ließ alle zehn brennen und deckte diejenigen, die nicht sichtbar sein sollten, durch Schirme ab. Die Erfindung war als »Schachbrett des Polybios« in der Antike allgemein bekannt – ob man sie jemals zur Signalisierung verwendet hat, ist nicht überliefert, sehr wohl verwendet hat man sie aber zum Verschlüsseln von Nachrichten. Man konnte die Buchstaben ja in einer beliebig verwürfelten Anordnung in die Matrix eintragen und nur die Nummern von Reihen und Spalten in den Geheimtext schreiben. Der Empfänger entschlüsselte dann mit Hilfe einer genau gleich ausgefüllten Tafel; es ist dies das erste Beispiel eines »Transpositionscodes«, wie er dann, technisch ungleich aufwendiger, auch in der berühmten deutschen »Enigma«-Chiffriermaschine zum Einsatz kam. Trägt man in die Matrix Zahlen ein, betritt man das Gebiet der magischen Quadrate mit ihren gleichen Reihen- und Spaltensummen, das Reich der Zahlenmystik. Erst im 20. Jahrhundert wird die Matrix im Rahmen der *Matrizenrechnung* zu einem machtvollen Instrument der Mathematik, in der *Tabellenkalkulation* zu einem nützlichen Alltagswerkzeug.

Die Verwendung von Signalen bleibt im Lauf der folgenden Jahrhunderte rein militärisch. Die Türme des obergermanisch rhätischen Limes waren mit Signalsystemen ausgerüstet; wie sie im Einzelnen funktioniert haben, wissen wir nicht. Sicher dienten die Fackelzeichen und Fahnen nicht langatmigem Gedankenaustausch, wie ihn das Schachbrett des Polybios im Prinzip ermöglicht hätte, sondern der Übermittlung kurzer, militärisch geprägter Codes (»Germanen von links«, »Schickt Wein« usw.)

Am einfachsten wäre es, man würde ausreichend große Buchstaben aus Holz oder Pappe ausschneiden und in einem Haltegerüst der nächsten Station präsentieren; ähnlich der bekannten »Hollywood«-Schrift, natürlich kleiner. Genau diese Idee hatte im 17. Jahrhundert Edward Somerset, zweiter Marquis von Worcester. 1680 verbesserte der englische Physiker Robert Hooke das System durch dreiundzwanzig einfache geometrische Figuren, die mit Seilen bewegt wurden. Hooke hatte sogar schon Kontrollcodes vorgesehen (»nicht erkannt, noch einmal senden«, »empfangsbereit«, »nicht empfangsbereit« usw.) Er erkannte auch als Erster, dass die Einhaltung genauer zeitlicher Abstände das A und O jeder Datenverarbeitung ist, egal, ob sie von Menschen oder Maschinen gemacht wird. Den Bedienern seines Semaphors empfahl er Absprachen über die zeitlichen Abstände der Signale und ihre Einhaltung mit Pendeluhren – wir kennen die periodisierte Zeit in heutigen Computerprozessoren als »Taktfrequenz«.

Das waren alles wichtige Erkenntnisse, gebaut wurde der Hookesche Telegraph nicht, es fand sich kein Geldgeber. Das Ganze war reine Privatsache, sein Vortrag vor der Royal Society hieß ja auch: »Über eine Möglichkeit, seine Gedanken über große Entfernungen mitzuteilen«. Gedanken, ganz allgemein, abstrakt. Keine konkreten Lageberichte und Befehle. Die britische Marine verwendete schon zur Zeit der Königin Elisabeth Signalflaggen, 1673 erschien das erste Signalbuch, in dem die Flaggensignale aus fünfzehn verschiedenen Flaggen aufgeführt waren. Verfasst hatte es der Herzog von York, der spätere König James II. Dieses »System der Segel- und Schlachtbefehle« ermöglichte die Führung größerer Seestreitkräfte mit einfachen Mitteln, 1705 wurde ein Code mit zwanzig Flaggen eingeführt. Andere Seemächte wie Frankreich entwickelten eigene Signalsysteme.

Für die zivile Kommunikation hatte das alles keine Bedeutung. Warum? Man hätte doch leicht die Schiffssignalsysteme aufs Land übertragen können, oder? – Technisch ja, operativ nein. Die auf See gebrauchten Flaggensignale betrafen einige Dutzend standardisierter Meldungen und Befehle, »Gedanken« konnte man damit nicht übertragen. Beim Militär wird sowieso nicht viel »gedacht«. Das System der Flaggenleine, an dem die Zeichen aufgezogen werden, eignet sich außerdem nur für eine sternförmig organisierte Kommunikation: vom »Flaggschiff« als zentrale Befehlsstelle an alle anderen Schiffe mit vielleicht einer oder zwei Zwischenstationen als Verstärkung. An Land läuft die Kommunikation über Hunderte von Kilometern eine Linie entlang, jede Station hätte die erkannten Flaggen in der richtigen Reihenfolge aufs Neue zusammenstellen und hissen müssen. So ein Verfahren wäre unerträglich langsam.

Deshalb entschied sich Claude Chappe für ein starres System, das in Sekundenschnelle verändert werden konnte.

Das Signalgerät bestand aus einem neun Meter hohen, eisernen Stützpfeiler, oben mit einem drehbaren Querbalken versehen, dem »Regulator«. Er war vier Meter lang und dreißig Zentimeter breit. An jedem Ende des Regulators gab es einen weiteren Drehbalken, den »Indikator«, zwei Meter lang und ebenso breit wie der Regulator. Die Indikatoren trugen dünne, bleibeschwerte Stahlstangen als Gegengewichte. Die Balken waren schwarz bemalt und auf große Entfernungen gut sichtbar. Man nennt Semaphore dieses Typs wegen ihrer Bauart auch »Flügeltelegraphen«. Den Regulator konnte man in vier Positionen stellen: senkrecht, waagrecht, 45 Grad nach links, 45 Grad nach rechts geneigt. Die Indikatoren wiederum hatten acht mögliche Winkelpositionen, in Summe ergibt das 256 verschiedene Stellungen. Die Abbildung zeigt einen Ausschnitt des Chappeschen Signalalphabets, die Buchstaben und die Ziffern von 1 bis 10.

Chappe hatte lange experimentiert, auch mit einem elektrischen Tele-

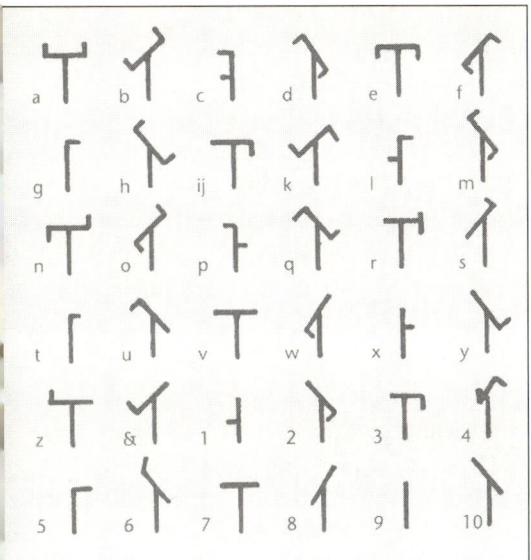

256 verschiedene Stellungen des Semaphors waren möglich. Der Ausschnitt zeigt die Buchstaben und die Ziffern von 1 bis 10.

graphen, ehe er sich verschiedenen Formen optischer Signalübermittlung zuwandte. Zweimal zerstörte der Mob seinen Apparat, nicht, weil man »Teufelszeug« vermutete, sondern weil man den Verdacht hegte, das Ding diene der Übermittlung geheimer Nachrichten an den inhaftierten König Ludwig XVI. Chappe ließ sich nicht entmutigen.

Claude Chappe hatte einen Onkel, Jean Chappe d'Auteroche. Der hätte auch Geistlicher werden sollen, widmete sich aber als Privatgelehrter der Mathematik und Astronomie und wurde hoch geachtetes Mitglied der Akademie der Wissenschaften. 1752 hatte er die Schriften des englischen Astronomen Halley übersetzt. Halley ist uns heute noch durch den Halleyschen Kometen bekannt; er hatte aus überlieferten Beobachtungsdaten der Kometen von 1531, 1607 und 1682 ihre Bahnen berechnet und entdeckt, dass sich diese drei Kometen auf exakt derselben Bahn bewegten. Daraus schloss er, dass es eben nicht drei Kometen waren, sondern immer derselbe, der alle 76 Jahre wiederkehrt. Das nächste Auftauchen sagte er für 1759 voraus; da war

Halley schon lange tot, der Komet kam aber pünktlich, seither heißt er der Halleysche Komet. Für das 18. Jahrhundert bedeutsamer war eine andere Entdeckung, die uns wieder zu Jean Chappe zurückführt, seltsamerweise auch in unsere unmittelbare Zukunft. Halley hatte nämlich eine Methode entdeckt, wie man durch Beobachtung der Venusdurchgänge den genauen Abstand der Erde von der Sonne berechnen konnte – dieser Abstand, die *Astronomische Einheit*, ist die grundlegende Längeneinheit im Sonnensystem, je genauer sie bekannt ist, desto genauer ist die Himmelsmechanik. Je genauer die Himmelsmechanik, desto genauer sind Berechnungen der Auf- und Untergangszeiten der Planeten – je genauer man die aber kennt, desto genauer weiß man, wo man ist. Je genauer man aber dieses weiß, zum Beispiel als Kapitän eines britischen Kriegsschiffs irgendwo auf den sieben Weltmeeren, desto leichter wird man Inseln, Küsten und Meeresstraßen wiederfinden, um dort Militärposten und Kolonien einzurichten – man muss nur ein bisschen nachdenken, und scheinbar weltfremde Aktionen verschrobener Wissenschaftler entpuppen sich als »Griff nach der Weltherrschaft« – oder so. Jedenfalls als praktisch brauchbar. Anders sind manche Dinge nicht zu verstehen. Jean Chappe, der Onkel des Semaphorerfinders, machte sich nämlich im Jahre 1760 auf eine zwei Jahre dauernde Reise nach Sibirien, und zwar nach Tobolsk, um dort im Auftrag der Akademie einen Durchgang der Venus zu beobachten. Die Venus zieht als winziger schwarzer Punkt vor der Sonnenscheibe vorbei. Das lässt sich gut beobachten, wenn man das Bild der Sonne mit einem Fernrohr auf ein Blatt Papier projiziert. Sehen kann man das natürlich nur, wenn Sonne, Venus und Erde exakt auf einer Linie stehen. Das ist nur selten der Fall, sehr selten. Gegen einen Venustransit ist eine Sonnenfinsternis ein Alltagsereignis. Das 20. Jahrhundert hat vieles gebracht, worauf man gern verzichtet hätte, aber ein Venusdurchgang war nicht darunter. Den letzten hat es 1882 gegeben, kein heute lebender Mensch hat je einen Venusdurchgang gesehen, dafür haben wir bald alle die Gelegenheit: Am 8. Juni 2004 wird die Venus vor der Sonnenscheibe vorbeiziehen. Wer ihn versäumt, hat 2012 noch einmal die Gelegenheit, dann dauert es wieder bis 2117, über hundert Jahre später. So war es auch im 18. Jahrhundert. Es gibt immer zwei Durchgänge im Abstand von acht Jahren.

dann dauert es wieder 121 oder 105 Jahre bis zur nächsten Gelegenheit. Es kommt darauf an, festzustellen, *wo* genau die Venus auf der Sonnenscheibe vorüberzieht und wie lange sie dazu braucht. Wenn derselbe Durchgang von zwei weit entfernten Orten der Erde aus gemessen wird, gibt es kleine Unterschiede, aus denen man die Venusentfernung berechnen kann. Über das dritte Kepplersche Gesetz ergibt sich dann die Erdentfernung. Der Knackpunkt ist die Seltenheit des Ereignisses. 1761 und 1769 waren die beiden Termine im 18. Jahrhundert, dann war für hundert Jahre Schluss. Leider war das 61er Ereignis nur von Sibirien aus zu sehen, das 69er vom Pazifik. Jean Chappe begab sich also nach Tobolsk, machte seine Beobachtungen und kehrte nach Frankreich zurück.

Eine Reise mit der Transsibirischen Eisenbahn ist noch heute ein strapaziöses Abenteuer; eine Reise *ohne* transsibirische Eisenbahn muss die reine Hölle gewesen sein. Dennoch reiste Jean Chappe ein paar Jahre später nach Kalifornien, um den zweiten Durchgang zu beobachten. Auch England war aktiv: Captain Cook beobachtete denselben Transit auf seiner Südseeexpedition von Tahiti aus. Man hatte ihn eigens zu diesem Zweck dahingeschickt. Er entdeckte eine Inselgruppe und nannte sie zu Ehren der »Königlichen Gesellschaft der Wissenschaften« die »Gesellschaftsinseln«. Cook wurde zehn Jahre später auf Hawaii erschlagen, Chappe starb noch in Kalifornien an einer Seuche, »sich noch im Tode glücklich preisend, dass er zuvor seine Beobachtungen nach Wunsch hatte vollenden können.«

Genützt hat es gar nichts. Bei Jean Chappe sehen wir eine seltsame Tragik, die auch seinen Neffen umwabern wird. Beide befassten sich mit der Fernrohrbeobachtung von Ereignissen, der Onkel mit säkularen, die nur alle hundert Jahre vorkommen, der Neffe mit alltäglichen, die er selbst hervorrief. Die Venus als himmlischer Semaphor mit sehr niedriger Taktfrequenz, der Signalmast mit ungleich höherer Frequenz der Zeichen. Die Bedeutung der Nachrichten allerdings steht im umgekehrten Verhältnis zur Frequenz, sollte doch die Venus ihre Entfernung liefern, die entscheidende Information zum Bau des Himmelsgewölbes; der Semaphor übertrug als erste Nachricht, Condé sei eingenommen worden. Na prima. Was wurde geantwortet: die Stadt solle in Hinkunft »Freier Norden« heißen. Hurra! – Wo liegt überhaupt

Condé? An der belgischen Grenze. Und »in Hinkunft« war auch höchst relativ: Nur ein Jahr später haben die Österreicher das Kaff zurückerobert.

Die Nationalversammlung hatte die Nachricht von der Einnahme Condés am Beginn einer Sitzung erhalten; noch ehe sie zu Ende war, kam schon die Rückmeldung, das Dekret betreff Umbenennung in »Nord-libre« sei schon am Bestimmungsort angekommen und der Armee bekannt gemacht worden. Die Wirkung auf die Volksvertreter muss außerordentlich gewesen sein: Hier hatten sie einen Apparat, der ihnen die Beherrschung ganz Frankreichs versprach, demonstriert während ihrer Arbeit zum Wohle der Nation. Der Telegraph würde alles melden, was in den entferntesten Departements vorging; alle Anordnungen und Befehle würden gleichsam verzögerungslos wieder hinausgehen; natürlich hieß es damals noch nicht so, was hier aber zum ersten Mal das Haupt erhebt, ist der Totalitarismus der Macht, eine Schreckgestalt, die erst hundertfünfzig Jahre später einer entsetzten Menschheit in ganzer Größe sichtbar werden sollte. Totale Information. Totale Kontrolle. Mit dem Semaphor beginnt die Epoche der Fernwirkung. Die Ferne soll beherrscht werden, erst durch Zeichen, dann durch Menschen; erst durch das Signal, dann durch Transport. Der Semaphor ist der Vorläufer der Eisenbahn, die ohne ihn gar nicht organisierbar gewesen wäre als *Eisenbahnsystem*. Auch wenn die technische Realisierung der Nachrichtenübermittlung bald durch Morsetelegraph, später Telephon und Telex erfolgte, hat der Signalmast bezeichnenderweise gerade bei der Eisenbahn eine Nische gefunden, die er zweihundert weitere Jahre besetzen sollte.

Ich sprach von der Tragik der beiden Chappes: Der ältere hat davon nichts mitbekommen, weil er rechtzeitig starb. Seine Beobachtungen erwiesen sich als relativ wertlos, genau wie die der anderen Beobachter. Es gab trotz Sibirienexpedition und Kalifornienreise keine besseren Daten über die Venus. Denn bei der Beobachtung tritt ein unangenehmes physiologisches Phänomen auf: Wenn das kleine schwarze Scheibchen der Venus sich vor die große, helle Sonnenscheibe schiebt, scheint es sich vom Sonnenrand nicht lösen zu wollen – es bleibt eine dunkle Brücke bestehen, die Venus sieht aus wie ein schwarzer Tropfen, der in das helle Rund »hineinhängt«. Erst nach einiger Zeit »reißt« die Verbindung, die Venus ist wieder eine perfekte Kugel, wie es sich gehört, aber jetzt steht sie schon ein kleines Stück *in* der Sonnenscheibe. Wann genau ist sie jetzt eigentlich eingetreten? Wenn der Tropfen abreißt, ist es jedenfalls zu spät. Am anderen Sonnenrand, beim Austritt, gibt's dasselbe Phänomen, eine dunkle, schwarze Brücke bildet sich zum Rand, noch ehe die Venusscheibe den Sonnenrand wirklich erreicht hat.

Die Feststellung der Kontaktzeiten wird so zu einem unlösbaren Problem, vor allem, wenn man auf den »schwarzen Tropfen« nicht vorbereitet ist. Und wer hätte vorbereitet sein sollen? Weder Jean Chappe, noch James Cook, *noch sonst ein lebender Mensch* hatte 1761 einen Venusdurchgang gesehen. Ihre Messungen lagen jedenfalls um 20 Prozent daneben und waren damit wertlos. Man sollte meinen, dass sich die Menschheit in den folgenden hundertfünf Jahren zum nächsten Transit etwas ausgedacht hätte, um die Beobachtung genauer zu machen, aber dem war nicht so. Die Transite von 1874 und 1882 brachten keine Verbesserung. Inzwischen hat die Menschheit das Radar erfunden und den Sonnenabstand viel genauer gemessen, als es mit der Venustransitmethode jemals möglich gewesen wäre.

Zurück zum Semaphor: Hier gab es keine Probleme mit der Zeichenerkennung. Übrigens wurden nicht alle 256 möglichen Kombinationen verwendet, allerdings außer den Buchstaben und Ziffern auch Sonderzeichen und Abkürzungen. Offenbar nutzte man auch die Möglichkeit, mehrere Zeichen zu *Wörtern* zusammenzufassen, was die Zahl der Kombinationen sofort gewaltig in die Höhe treibt. Der genetische Code besteht zum Beispiel nur aus vier Zeichen (Buchstaben), die aber immer zu Dreiergruppen (Wörtern) zusammengefasst sind. Die Zahl möglicher Wörter ist dann $4^3 = 64$, oder allgemein: *Zeichenvorrat hoch Wortlänge*. Bei nur zehn Zeichen als Vorrat und einer verabredeten Wortlänge von drei Zeichen kann man schon $10^3 = 1000$ verschiedene Wörter bilden. Es sind natürlich auch alle Kombinationen von Einzelzeichen und Wörtern möglich. Claude Chappe erstellte mit seinem Partner Leon Delauny ein Codebuch mit 9999 Einträgen.

War Chappes Semaphor das Nonplusultra? Aber woher denn! Schon der Flügelapparat selber ist viel zu kompliziert. Braucht es wirklich drei Balken, genügen nicht zwei, genügt nicht vielleicht einer? Oder wäre es nicht vernünftiger, auf Drehungen zu verzichten und ein System von großen

Klappen zu verwenden, die nur zwei Stellungen einnehmen, auf und zu? Tatsächlich wurden kurz nach Chappe mehrere solcher Systeme entwickelt und von ihren Erfindern als dem Chappeschen als weit überlegen gepriesen. Tatsächlich können auch Sie sich ein Semaphorsystem ausdenken, geneigte Leserin, verehrter Leser – wenn es zehn Leute versuchen, kommen zehn verschiedene Systeme heraus. Die Situation gleicht frappant der Lage bei den Kunstsprachen. Wenn man einmal die Idee begriffen hat, fällt es leicht, sich immer neue auszudenken, jede Woche eine. Claude Chappe haben die Entwicklungen anderer Erfinder sehr verbittert, vor allem, weil man seine eigene in der Presse herabwürdigte: Schon die Griechen, Perser und die Seefahrer hätten Signale verwendet, die Erfindung sei also gar keine, sondern abgekupfert, aber schlecht und so weiter; eine Art öffentliches Mobbing mit einer Riesenportion Neid als Antrieb. Der Erfinder hat es nicht ausgehalten. Er schrieb am 23. Januar 1805 mit Bleistift folgende Worte auf ein Stück Papier: »Ich gebe mir den Tod, um dem Überdrusse des Lebens, der mich niederdrückt, zu entgehen. Ich habe mir nichts vorzuwerfen.« Dann stürzte er sich in einen Brunnen.

Der Chappesche Flügeltelegraph fand zahlreiche Nachfolger. In Preußen verwendete man ein einfacheres System mit einem sechs Meter hohen Mast mit drei Seitenarmen, von denen jeder zehn verschiedene Stellungen einnehmen konnte. Es sah also ähnlich aus wie heute noch die Signalmasten der Eisenbahn. Eine Nachricht von Berlin an den Rhein brauchte fünfzehn Minuten, eine Übertragungsgeschwindigkeit von immerhin 1900 km/h. In der Ebene standen die Masten bis zu zwanzig Kilometer auseinander, in gebirgigen Gegenden musste man zum Teil auf vier Kilometer Abstand heruntergehen.

In keinem Land wurde der Flügeltelegraph aber so ausgebaut wie in Frankreich. Für Napoleon wird der Semaphor zu einem Instrument der Herrschaft. Es geht um Beherrschung großer Räume, später um die Beherrschung noch größerer Räume; die erste Zäsur ist die Erdoberfläche (Weltherrschaft), die Science-Fiction hat die Idee längst zur Beherrschung von Sonnensystemen und Galaxien weitergedacht. Vierzig Jahre vor der Eisenbahn wird Europa durch diesen Telegraphen vernetzt. Der Flügeltelegraph wird bald durch den elektrischen Telegraphen abgelöst, der ungleich leistungsfähiger ist und einen weiteren qualitativen Sprung markiert. Wesentlich ist, dass der Betreiber des ersten Telegraphen der Staat ist und die Entwicklung anstößt. Er schafft auch die juristischen und verwaltungstechnischen Rahmenbedingungen für eine »erwünschte« Technologie. Dieses Schema wird sich bei der Eisenbahn wiederholen, im 20. Jahrhundert bei der Nutzung der Kernspaltung.

Mit dem Chappeschen Semaphor beginnt das große »Zusammenrücken«, das »Schrumpfen« der Großräume, die beherrscht werden sollen. Dieser Prozess setzt sich bis in die Gegenwart fort, das aktuelle Stichwort heißt »Globalisierung«, nur das letzte in einer Reihe nicht direkt falscher, aber wesentlich verschleiernder Begriffe oder Bilder – »das Weltdorf« war die vorletzte dieser beliebten Wortschöpfungen. Klingt gemütlich, die neuere »Globalisierung« dagegen schon technischer, wissenschaftlicher – Beschreibung eines naturwüchsigen Prozesses. Dabei geht es nicht um die »Schrumpfung« oder »Verkleinerung« der Räume, es geht nicht darum, dass wir alle »zusammenrücken«, sondern es geht um ein und dasselbe Ziel, das schon Claude Chappe erreichen wollte: die Ausübung von Macht, damals militärischer, heute wirtschaftlicher. Nicht in irgendeinem verblasenen Sinn, sondern ganz konkret: aus der Ferne bestimmen, was Menschen tun und lassen. Was sie kaufen und verkaufen. Was sie denken. Was sie für gut, was sie für böse halten. Darum geht es.

Chappe hat den Semaphor nicht »erfunden«. Ideen dazu gab es lang vor seiner Zeit. Bezeichnenderweise geben die Urheber dieser nie realisierten Papierprojekte als Zweck die private Kommunikation an, besonders die Übermittlung geheimer Botschaften zwischen Liebenden (deren Umgebung dieser Liebe feindlich gegenüberstand) hatte es den Erfindern angetan. Die rührende Privatheit dieser Art Kommunikation hat sich im Schlagwort vom globalen »Dorf« oder »Marktplatz« erhalten – und in der Praxis ungezählter Millionen von E-Mails, SMS oder gewöhnlicher Telefongespräche. Beides tarnt den wesentlichen Zweck der technischen Kommunikation: Kontrolle zur Durchsetzung bestimmter Interessen.

Der Semaphor als technisches Konstrukt ist vergessen, zu Recht, weil sein Zweck inzwischen durch bessere Mittel erreicht wird. Und der Zweck wurde nicht vergessen, sondern verdrängt. Gebaut hat den Semaphor nicht irgendein Menschenfreund, sondern die gesetzgebende Versammlung des revolutionären Frankreich, das merkt man aller heutigen Telekommunikation noch an. Optimisten mögen sich an der Vorstellung berauschen, das Internet, die zeitgenössische Variante des Flügeltelegraphen, führe eben den Zweck der machtgestützten, zentralistischen Kommunikation ad absurdum, als dialektischer Sprung. Mag sein. Weshalb wurde es eingerichtet, das weltweite Netz? Um bei einem Atomschlag die militärischen Strukturen aufrechtzuerhalten. »Netze« sind unempfindlicher als »Sternsysteme«. Passt ja vielleicht auch in die Dialektik.

Condé wurde eingenommen! Ach ja …

Der Hydraulische Widder

»Das ist doch keine vergessene Erfindung!« entrüstete sich einer meiner Gewährsleute, Siegfried Vetter, dem ich vom Plan erzählte, etwas über den »Hydraulischen Widder« zu schreiben. Auch hier stellt sich das Adjektiv »vergessen« als durchaus relativ heraus. Für ihn ist es eine der nützlichsten Erfindungen, die je gemacht wurden: eine Pumpe, die ohne elektrischen Strom, ohne Dieselaggregat oder sonstige Kraftmaschine Wasser für die Brunnen der Priedleralpe bei Hohenems pumpt.

Zauberei ist keine dabei: Der Hydraulische Widder pumpt eine kleine Menge Wasser auf beträchtliche Höhe, indem er das Gefälle einer großen Menge Wasser nutzt, die eine geringe Höhe herabfließt. Den Widder kann man sich durch ein Wasserrad ersetzt denken, das keine Mühle betreibt, sondern eine Wasserpumpe. Nur würde diese Kombination eine beträchtliche Anzahl von Rädern und Gestängen erfordern, samt Schmierung und so weiter. Der Hydraulische Widder kann darauf verzichten, er hat keine Räder, nicht ein einziges; tatsächlich hat er überhaupt nur zwei bewegte Teile, zwei Ventile. Die bewegt er abwechselnd, selbsttätig, ohne Rast und Ruh, Tag und Nacht, Sommer wie Winter. Solange Wasser fließt, pumpt er welches. Der Hydraulische Widder ist nicht nur eine sehr praktische, er ist eine erstaunliche Maschine. Am erstaunlichsten ist aber ihr fast vollständiges Verschwinden aus dem kulturellen Bewusstsein.

Wie funktioniert das Ding? Sogar moderne Lexika, die sonst alles, was sie für überholt halten, gnadenlos hinauswerfen, fühlen sich dem Hydraulischen Widder noch verpflichtet und bringen eine Schemazeichnung. Man hat da die Auswahl. Eine der einfachsten sehen wir in der Abbildung auf der nächsten Seite: Links der Behälter »a« mit dem rechts nach unten führenden Rohr »b«. Dieser Behälter steht einfach für das »niedrige« Niveau des Wassers, das geringe Gefälle des Rohres »b« liefert die nötige Antriebsenergie. Rechts unten erkennen wir zwei Ventile »c« und »v«. Das linke, das *Steigventil* »c« öffnet sich nur nach oben, das rechte *Sperrventil* »v« nur nach unten. Die Ventile kann man sich als einfache Klappen vorstellen, deren Eigenge-

Der Hydraulische Widder in der Theorie.

Hydraulischer Widder.

wicht sie nach unten fallen lässt. Das Steigventil geht dann zu, das Sperrventil auf.

Nun strömt Wasser durch den Apparat. Sperrventil »v« steht offen, das Wasser sprudelt heraus. Dadurch wird aber dieses Ventil nach oben gedrückt und schließt. Folge ist ein massiver Druckstoß, denn Wasser lässt sich nicht zusammenpressen. Durch diesen Druckanstieg wird das Steigventil »c« nach oben gedrückt, also geöffnet. Das Wasser strömt in den *Windkessel* »r«. Oberhalb des Wasserspiegels in diesem Kessel ist Luft eingeschlossen. Die lässt sich komprimieren und treibt durch ihren Druck das Wasser durch das *Steigrohr* »d« in die Höhe, wo es bei »e« ausfließt. Wenn der Druck im Windkessel groß genug ist, schließt das Steigventil wieder, das Sperrventil »v« fällt durch sein Eigengewicht nach unten, öffnet, Wasser strömt heraus, schließt das Ventil gleich darauf … und so weiter und so fort, in geeigneten Fällen buchstäblich jahrzehntelang.

Die Zeichnung vermittelt ein für den Widder ungünstiges Bild. Es sieht hier eher nach müßiger Spielerei aus, eine Art Jahrmarktsattraktion. Das kommt von den Abmessungen, die aus Gründen der Erklärbarkeit äußerst bescheiden sind. In der realen Welt im Einsatz befindlicher Widder ist das Rohr »b« ein paar Meter lang und wird bachaufwärts ins Bachbett verlegt. Aber das Steigrohr »d« ist unter Umständen mehrere hundert Meter lang und natürlich kein senkrecht nach oben führendes Rohr, sondern eine

PVC-Schlauchleitung, die das Wasser aus dem Tobel zum Gehöft hinauf-
bringt.

Die Bezeichnung »Hydraulischer Widder« ist eine direkte Übersetzung
des französischen »bélier hydraulique«. »bélier« heißt »Widder«, das hydraulische kommt vom Griechischen »hydraulikos«, ein von »hydor« und »aulos«
abgeleitetes Wort, von »Wasser« und »Pfeife«; gemeint ist die »Wasserorgel«,
ein vom antiken Ingenieur Ktesibios von Alexandria etwa 180 v. Chr. kon-
struiertes orgelartiges Instrument. Informiert darüber sind wir durch das
Werk »Pneumatika« des Heron von Alexandria, der (wahrscheinlich) in der
zweiten Hälfte des ersten Jahrhunderts n. Chr. gelebt hat. In seinem zweibän-
digen Werk beschreibt Heron fünfundsiebzig Geräte, der Großteil dient allerdings keinen praktischen Zwecken (oder dem, was der »faustische« Abendländer darunter versteht), sondern Jux und Tollerei: Die sich »automatisch«
öffnenden Tempeltüren haben wir schon im Natronlok-Kapitel kennen gelernt. Dann gibt es noch »Zaubergefäße«, aus denen man abwechselnd Wasser und Wein ausschenken kann und so weiter.

Die »Wasserorgel« des Ktesibios wurde nicht mit Wasser betrieben,
sondern mit Luft wie jede heutige Orgel auch, aber zur Erzeugung eines kon-
stanten Luftdrucks diente ein Windkessel in einem großen Wasserbehälter.
Der Kessel wurde über eine Handpumpe mit Luft versorgt, die dann beim
Spielen gleichmäßig durch die Orgelpfeifen abströmte. Auch ist der Apparat
mit Ventilen versehen – also hat Ktesibios wohl auch den Hydraulischen
Widder erfunden?

Falsch.

Von der hydraulischen Orgel zum Widder hat es fast zweitausend Jahre
gedauert. Erfunden hat ihn schließlich der ältere der beiden Brüder Montgolfier, Joseph Michel, im Jahre 1797 – ja genau, das sind die Brüder mit dem
Heißluftballon. Ehe wir uns der weit unbekannteren Erfindung des Mon-
sieur Montgolfier zuwenden, wollen wir noch einmal diese erstaunliche
Verzögerung untersuchen.

Der hydraulische Widder ist eine Wasserpumpe. Wenn man in der
Antike überhaupt eine Maschine brauchen konnte, dann die Pumpe. Die
reichen afrikanischen Getreideanbaugebiete brauchten Bewässerung, tat-

sächlich wurden verschiedene Pumpsysteme entwickelt, vom einfachen Schwingbalken, der griechisch »keloneion« heißt und heute noch unter dem Namen »shadouf« in Ägypten eingesetzt wird, bis zu Schöpfrädern und der bekannten »Archimedischen Schraube«. Dazu gab es schon Handpumpen für Spezialzwecke wie Feuerlöschen. An Pumpen und Pumpbedarf herrschte also kein Mangel. Gleichfalls kein Mangel herrschte am Bedarf des Mahlens. Der römische Legionär zum Beispiel ernährte sich fast ausschließlich von einer Art Getreidebrei, besser gesagt: Mehlpapp, Olivenöl und etwas Gemüse. Mit dieser antiken Mittelmeerdiät von einem Kilo Getreide pro Mann und Tag ist das ganze Weltreich erobert worden. Die Nahrung der städtischen Unterschichten dürfte kaum anders ausgesehen haben, immer wieder gibt es Spenden von Getreide, Wein und Öl – und Gratiseintritt in den Circus. Fleisch? Julius Caesar riskierte fast eine Meuterei, als bei der Eroberung Galliens einmal der Nachschub stockte und die Soldaten auf ihre tägliche Ration porridgeartige Pampe verzichten – und wohl oder übel die reichlich vorhandenen gallischen Rinder schlachten mussten: Fleisch war ihnen minderwertige Ersatznahrung. Man darf sich nicht von den durch Verfilmung populär gewordenen Berichten des Gajus Petronius über abstruse Luxusfressereien beirren lassen; der normale Römer konsumierte jahrein jahraus denselben eintönigen Fraß, der uns Heutigen die Grausbirnen aufsteigen ließe.

Die Riesenmengen Getreide musste man mahlen. Die Wassermühle war längst erfunden, eingesetzt wurde sie nicht. Warum? Robert Claiborne, der den Einfluss des Klimas auf die Weltgeschichte untersuchte, wies im Zusammenhang mit der Wassermühle darauf hin, dass es solchen Mühlen im Mittelmeerraum einfach an Wasser fehlte. Hier haben Flüsse und Bäche stark schwankende Wasserspiegel, im Sommer trocknen sie häufig aus. Der Hinweis auf die herrschende Sklaverei (als Erklärung für fehlende Mühlen) hält er für Vulgärmarxismus und für wenig durchdacht: Sklaven sind in Anschaffung und Unterhalt recht teuer – eine Wassermühle könnte die Sklavenarbeit trotz hoher Anschaffungskosten leicht unterbieten. Die im Flettnerkapitel zitierte Hadriangeschichte (»Wer ernährt meine Sklaven?«) wäre dann nichts als eine hübsche Legende. Mit einem ähnlich gelagerten Argument ließe sich – wenn wir schon dabei sind – auch das Fehlen der antiken Dampfmaschine erklären: Heron (oder ein Kollege) wäre wohl fähig gewesen, sie zu erfinden, aber womit hätte man sie beheizen sollen? Die starke Entwaldung Südeuropas hat schon Platon beklagt. Holz und die daraus hergestellte Holzkohle waren die einzigen Brennmaterialien der Antike, Kohle wurde nur dort eingesetzt, wo sie vorkam, in Teilen Germaniens und Britanniens. Nach modernen Schätzungen hätte der Wirkungsgrad einer antiken »Dampfmaschine« etwa 1 Prozent betragen (der Wirkungsgrad der ersten neuzeitlichen Dampfmaschinen lag bei 3 Prozent). Um also zwei an einem Göpel im Kreis laufende Pferde zu ersetzen (die realistischerweise höchstens je eine halbe »Pferdestärke« leisteten), hätte man pro Tag 130 Kilo Holz verbrennen müssen. Kein Problem im germanischen Urwald, wohl aber in zivilisierten, südlichen Gefilden, wo der Wald gerodet und die rohe Natur gezähmt ist. Nun könnte man das Holz ja aus noch bewaldeten Gegenden einführen. Dort muss es aber erst geschlagen werden. Die Bäume wurden nicht umgesägt, sondern mit Beilen umgehauen. Auch wenn diese schwere Arbeit von Sklaven erledigt wird, müssen sie doch etwas essen: die zugeführte Nahrungsenergie kommt auf die Holzrechnung. Der nächste, wahrscheinlich schwerer wiegende Kostenfaktor ist der Transport durch Zugtiere. Das Futter, das die fressen, kommt auch auf die Rechnung. Dabei wollten wir raffgierigen Latifundienbesitzer all diese ewig hungrigen, schwächlichen, von Natur aus faulen Fressmaschinen (tierische und menschliche) eigentlich einsparen!

Natürlich hat eine solche Gegenrechnung nie stattgefunden, weil die Dampfmaschine gar nicht erfunden wurde – und eben aus diesem Grund: Die Vorstellung einer mit Holz oder Holzkohle betriebenen *Kraftmaschine* hätte Heron in lautes Gelächter ausbrechen lassen. Wer bei Verstand war, dachte sich keine Maschine aus, die mit Holz beheizt werden musste. Heron lebte in einer *Sonnenenergiegesellschaft*, wir leben in einer *fossilen*. Herons Zeitgenossen konnten nicht mehr Energie verbrauchen, als jedes Jahr von der Sonne geliefert wurde. Wir dagegen leben nicht vom Energieeinkommen, sondern vom Energievorrat – von der Sonnenenergie früherer Epochen der Erdgeschichte.

Aber nun der Hydraulische Widder: Wäre er nicht die Lösung antiker Pumpprobleme gewesen? Wahrscheinlich nicht. Der Widder funktioniert nur in stark kupiertem Gelände. Es muss ein gewisses Gefälle als Antrieb vorhanden sein, und es muss das Bedürfnis vorliegen, ein noch viel größeres Gefälle zu überwinden: Wasser hoch hinaufzupumpen. Für das Bewässern von Feldern in flachen Anbauzonen ist er nicht geeignet: das vorhandene Gefälle ist viel zu schwach. Da brauchen wir Maschinen, die große Wassermengen nur höchstens einen Meter aus einem Bewässerungsgraben aufs Feld hinaufheben. Der antike Technikschriftsteller Vitruv erwähnt allerdings, dass auch unterschlächtige Schaufelräder in einem schnell fließenden Fluss mit Wasserpumpen kombiniert wurden. Man kann hier an die Wasserversorgung einer höher am Flussufer gelegenen Villa denken – genau der Fall für den Hydraulischen Widder.

Aber nach allem, was wir wissen, hat ihn Heron von Alexandria nicht erfunden, und auch sonst kein antiker Techniker. Es ist letztlich unmöglich zu erklären, warum etwas *nicht* geschehen ist, eigentlich sollte man das Ganze mit einem Achselzucken abtun. Aber die neuzeitliche Fantasie konnte sich einfach nicht vom Fehlen gewisser Techniken ablösen: So hat man sich im Falle der Dampfmaschine zur einigermaßen verzweifelten Hypothese verstiegen, nein, nein, Heron habe diese Maschine sehr wohl erfunden – sei aber bei der Inbetriebnahme durch eine Explosion umgekommen; oder als Variante: Er habe sie wohl erfunden, aber nie praktisch realisiert – eben aus Furcht vor der Explosion. Müßig zu sagen, dass es für beides nicht das geringste Indiz, geschweige denn einen Beweis gibt.

Lachen Sie nicht! Hinter solchen Konstruktionen steckt eine tiefe Sehnsucht, der antike Mensch möge so gewesen sein wie wir – einer Zeit, die das Ende (besser: die Ausrottung) der alten Sprachen im Gymnasium praktisch vollzogen hat, mag dies seltsam vorkommen, aber noch vor hundert Jahren hat sich insbesondere die deutsche Bildungselite mit der klassischen Antike auch seelisch verbunden gefühlt. Wenn das bewunderte und geliebte Lebensvorbild (»die Alten«) offensichtliche Mängel aufweist, irritiert das. Die Sklaverei – nun ja, nicht schön, aber eben zeittypisch und später durch das Christentum gemildert, aber dass sie die Dampfmaschine nicht erfunden haben … waren die »Alten« – man traut sich kaum, es auszusprechen – *zu dumm?* Dass unsere *eigenen* Vorfahren, die Abendländer, fast zwei Jahrtausende dazu gebraucht haben, ist nicht verwunderlich und auch nicht schlimm. (Sie waren – machen wir uns doch nichts vor – eine Horde ungewaschener Barbaren.) Aber dass die schlauen Griechen und erst die praktisch veranlagten Römer, die doch diese famosen Wasserleitungen gebaut haben, nicht dazu in der Lage gewesen sein sollen, gibt zu denken ...

All die materialistischen Argumente (fehlender Wasserstand, fehlendes Brennholz), die das Fehlen von Wassermühle und Dampfmaschine erklären sollen, bekommen den Nebensinn von Entschuldigungen. Beim Hydraulischen Widder versagen sie. Die Römer jedenfalls waren in der Lage, gut funktionierende Pumpen zu bauen, wie die Reste der »Pumpe von Valverde Huelva« aus dem spanischen Bergwerk in Sotiel Coronado beweisen. Diese Pumpe besitzt gut gebaute scheibenförmige Ventile, sogar schon mit Ventilführung. Für den Widder hätte man nur zwei dieser Ventile gebraucht, keine Kolben und Zylinder.

Beim Widder sehen wir das Problem antiker Technik in einer reinen Form. Er ist nicht deshalb nicht erfunden worden, weil er nicht gebraucht worden wäre. Und nicht deshalb, weil zu seiner Konstruktion noch unbekannte Teile nötig gewesen wären. Er ist in der Antike (und im Mittelalter, das ganz in antiken Traditionen verhaftet war) nicht erfunden worden, weil seine *Dynamik* eine andere ist als die der üblichen Maschinen. Der Widder zeigt *Ventilspiel*, das heißt, seine Ventile öffnen und schließen selbsttätig in bestimmter Weise *nacheinander* und in steter *Wiederholung*. Die Funktionsweise (Wasserstoß) ist auch für uns Heutige nicht auf den ersten Blick zu verstehen; wir verstehen ihn erst, wenn wir uns geistig in den Apparat hineinbegeben, Aufreißen und Fallen der Ventile fast sinnlich miterleben.

Es deutet viel darauf hin, dass dem Menschen der Antike eine solche Betrachtungsweise fremd war. Sein Weltbild war von statischen Körpern geprägt; »Bewegung« sah er als »alloiosis«, Veränderung der Lage von Körpern im Raum. Die Einwirkung der Dinge geschieht immer auf direktem Wege, eins nach dem anderen, nicht nur nachvollziehbar, sondern sichtbar; am Anfang der Kette musste es deshalb einen »ersten Beweger« geben, der alles in Gang setzte. Die Physik ist eine der Nähe, der unmittelbaren Anschauung. Man steht neben all diesen Kränen, Wasserpumpen und sonstigen Erfindungen und *sieht*, wie sie funktionieren; es braucht dazu keine Vorbildung. Wie sogar ein Sklave einen geometrischen Beweis »einsehen« konnte, so konnte die Funktionsweise antiker Maschinen begriffen werden. Antike Technik scheint alles zu vermeiden, was über den direkten, anschaulichen Zusammenhang direkt aufeinander wirkender Körper hinausging, alles, was eine *Fernwirkung* implizierte. »Fernwirkung« hier nicht im Sinne der Wurfmaschine. Die wirkte zwar auf Distanz (so und so viele Schritte), aber nicht in jene »Ferne«, die in *unserem* Verständnis potenziell ohne Grenzen ist.

Wenn ein Körper wie die Luft unsichtbar ist und auch sonst seltsame, »unkörperliche« Eigenschaften hat, so betritt man als antiker Erfinder bereits eine gefährliche Grauzone – wie Ktesibios mit seiner Orgel. Deshalb war es auch unmöglich, *geistig* unmöglich, die Arbeit einer Kolbenpumpe, die Luft zusammenpresst, umzudrehen und heiße Luft eine Arbeit verrichten zu lassen. Die »Dampfkugel« Herons, oft als erste Turbine gepriesen, war bezeichnenderweise ein nutzloses Spielzeug, Kompromiss zwischen technischem Grundverständnis und einer psychischen Hemmung vor dem Betreten »verbotener« Bereiche. Die Griechen scheinen Angst davor gehabt zu haben, etwas zu erfinden, wo »dunkle Kräfte« walten; sie liebten das Übersichtliche. An der Pumpe steht ein Mann, der den Schwengel herunterdrückt, am Göpel läuft ein Ochse oder ein Pferd, an der Schleudermaschine mühen sich die Soldaten beim Spannen der Sehne, alles *nachvollziehbar*. Aber der Dampf in der nach ihm benannten Maschine und das Wasser im Widder wirken selbsttätig, immer aufs Neue, geradezu gespenstisch – und ebendiese selbsttätige Wirkung ist es ja, was *wir* unter einer Maschine verstehen, deshalb haben wir sie ja gebaut, damit wir eben nicht wie verdammte Idioten an dem Ding stehen und dauernd diesen Hebel drücken oder jene Kurbel drehen müssen; das Selbsttätige ist doch überhaupt der Witz an der Sache, sie kann uns gar nicht selbsttätig genug sein, wenn es nach uns ginge, brauchte sie mit Laufen gar nie mehr aufzuhören: der Traum vom *perpetuum mobile*, seit dem 13. Jahrhundert. Die Maschine, die uns Gott gleich machen würde.

Wir beenden den Exkurs über die nicht gemachten Erfindungen mit der Feststellung, dass Heron Dampfmaschine und Hydraulischen Widder wohl hätte erfinden können, weil er gewissermaßen alle Teile dazu beieinander hatte. Aber von den drei Voraussetzungen (geistige, technische, ökonomische) waren bei der Dampfmaschine nur die technischen vorhanden, beim Widder vielleicht auch die ökonomischen (die Dampfmaschine wäre, wie ausgeführt, ökonomischer Wahnsinn gewesen). Die geistigen (oder, wenn man will: die psychologischen) Voraussetzungen fehlten bei beiden.

Erfunden hat den Hydraulischen Widder schließlich siebzehn Jahrhunderte nach Heron Joseph Montgolfier. Einer der beiden Brüder Montgolfier, die den Heißluftballon erfunden haben. Dieser ist nun wirklich keine vergessene Erfindung, sondern hat es in zweihundert Jahren zum weltumrundenden Millionärssportgerät geschafft.

Joseph Michel und Jacques Etienne wurden beide in Vidalon-les-Annonay in Südfrankreich geboren. Joseph 1740, Jacques war fünf Jahre jünger. Ihr Vater hatte eine Papierfabrik, die der ältere seiner Söhne übernehmen sollte, der jüngere war zum Architekten bestimmt. Der jüngere Sohn war der »Brave«, der ältere der »Schwierige«. Das »Staats- und Gesellschaftslexikon« von 1863 nennt ihn »unstät und geneigt zur Verfolgung unausführbarer Projekte«, der jüngere der beiden Brüder wird als »besonnen in seinen Unternehmungen« bezeichnet. Der Verfasser des Lexikonartikels fühlt deutlich mit dem geplagten Vater – ausgerechnet Montgolfier die Verfolgung unausführbarer Projekte gleichsam *vorzuwerfen,* zeugt von bemerkenswertem Schwachsinn des Artikelschreibers; fünfzig Jahre später weiß ein anderes Lexikon nichts mehr von Normabweichungen, inzwischen sind technischer Fortschritt und die Vorzüge der wissenschaftlichen Methode zu offensichtlich geworden und die Erkenntnis in die Redaktionen eingezogen, dass geistige Durchdringung des Unmöglichen, Denken des Undenkbaren geradezu die *Methoden* dieses Fortschritts geworden sind.

Beide haben Mathematik und Physik studiert, den väterlichen Betrieb haben sie gemeinsam übernommen und offenbar sehr gut geführt. Aus ihrer Fabrik stammt das erste Velinpapier, ein sehr feines, weiches, nicht geripptes Material. Die Nähe zum Papier und seine Verfügbarkeit in großen Mengen half auch bei der Erfindung, die beide berühmt gemacht hat: Der erste Heißluftballon war zwar aus Leinen, aber mit Papier überzogen. Dieser Ballon ließ sich nicht lenken und war auch sonst nicht sehr praktisch, erfüllte aber

JOS. DE MONTGOLFIER

Chevalier de l'Ordre de St Michel.

Inventeur de l'Art Aérostatique

Nicht nur in der Luft für Überraschungen gut: Joseph Michel Montgolfier wurde am 26.
August 1740 als Sohn eines Papierfabrikanten in Vidalon-les-Annonay geboren. Zusammen mit seinem Bruder Jacques Etienne erfand er 1783 den Heißluftballon. Montgolfier
verbesserte durch mehrere Erfindungen die Papiererzeugung, auf sein Konto gehen das
Velinpapier – und der Hydraulische Widder. Er starb am 26. Juni 1810 im Badeort Balaruc-
les-Bains.

in populären Darstellungen die jugendlichen Herzen vieler Generationen, weil er gleich von Anfang an funktionierte. Keine jahrelangen Versuche, endlosen Missgeschicke, keine idiotischen Unfälle, kein Gelächter, kein Irrenhaus für den Erfinder, nein, die Sache klappt schon beim ersten Mal am 5. Juni 1783, der Ballon steigt vor einer illustren Versammlung lokaler Würdenträger 1000 Klafter hoch (knapp zwei Kilometer); beim zweiten Versuch ist dann schon der König von Frankreich zugegen, ein Hammel, ein Hahn und eine Ente fahren im Korb mit und landen wieder, endlich als Höhepunkt der erste Aufstieg von Passagieren: Pilâtre de Rozier und der Marquis d'Arlandes. Ewiger Ruhm ihren Namen!

Einfach toll, diese Steigerung, perfektes Event-Marketing, das sich auch rentierte: Die Mongolfiers wurden Assoziierte der Akademie, Jacques Etienne bekam den Michaelsorden, Joseph eine Jahrespension von tausend Livres und der Herr Papa wurde in den Adelsstand erhoben.

Die Revolution haben sie einigermaßen glimpflich überstanden, Jacques starb schon 1799, Joseph, der »unstäte« Joseph, machte unter Napoleon Karriere und erfand noch so einiges. Den Fallschirm, einen Abdampfapparat. Und 1796 die »Montgolfiersche Wassermaschine«. Eben den Hydraulischen Widder.

1805 veröffentlichte Eytelwein eingehende Versuche über die Leistungsfähigkeit des »Stoßhebers«, wie die Maschine auf Deutsch genannt wurde. Eytelwein war einer der Pioniere des Wasserbaus in Deutschland, Direktor der Berliner Bauakademie und ist vor allem durch die Regulierung der Oder, der Warthe und der Weichsel bekannt geworden.

Aus durchgeführten Versuchen ergibt sich für den Wirkungsgrad die Formel:

$$\text{Wirkungsgrad} = 0,258 \cdot \sqrt{12,8 - \frac{s}{f}}$$

Der Bruch (s/f), das Verhältnis von Steighöhe zu Fallhöhe, ist ein ganz entscheidender Parameter für unseren Widder: Er beschreibt einfach, um wie viel mal höher wir das Wasser hinaufpumpen können, als es von der Quellfassung zum Widder hinunterfließt. Nehmen wir zum Beispiel an, der Faktor sei 4, dann wird der Ausdruck unter der Wurzel 12,8 − 4 = 8,8. Der Wirkungsgrad wird zu 0,76, also 76 Prozent. Je größer die Steighöhe gegenüber einer gegebenen Fallhöhe wird, desto kleiner wird der Wurzelausdruck und damit der Wirkungsgrad; wenn die Steighöhe 12,8-mal so groß ist wie die Fallhöhe, ist der Wirkungsgrad null. Und wie viel Wasser kann nun gepumpt werden? Ganz einfach: Die Pumpleistung des Widders ist Wirkungsgrad mal Schüttleistung der Quelle mal unserem Faktor (Steighöhe/Fallhöhe).

Der Wirkungsgrad realer Hydraulischer Widder übersteigt selten 65 Prozent. In unserer Gleichung steckt jedoch eine Besonderheit: Wenn das Verhältnis von Steighöhe zu Fallhöhe *größer* wird als 12,8, dann wird die Zahl unter der Wurzel negativ und der Wirkungsgrad *imaginär*. Ebenso imaginär wird die sich ergebende Fördermenge. Wie wir uns imaginäres Wasser vorzustellen haben, kann ich auch nicht sagen, vermute aber, dass wir hier durchaus dem üblichen Sprachgebrauch folgen und von einem Wasser sprechen dürfen, das nur »in der Vorstellung existiert« – infolgedessen auch nur einen rein vorgestellten Durst löschen kann.

Eine amerikanische Quelle aus dem Internet kennt keine Wirkungsgradbegrenzung, dort ist der Wirkungsgrad konstant, und zwar 0,6 für alle Verhältnisse von Steighöhe zu Fallhöhe. Die Fördermenge ist nur noch von der Schüttung der antreibenden Quelle abhängig – auch bei einer Steighöhe, die hundertmal größer ist als die Fallhöhe, liefert der amerikanische Widder noch Wasser: 864 Liter *pro Tag,* wenn man zum Antrieb eine Quelle mit hundert Litern *pro Minute* zur Verfügung hat. Das ist der Fluch der Tabellenkalkulation, dass sie das Ausrechnen auch der abstrusesten Wertekombinationen erlaubt, weit weg von aller Realität. In allem, was sich *Wirkungsgrad* nennt, steckt die unangenehme Tatsache, dass es *Verluste* gibt. Wenn es keine gäbe, bekäme ich genau die Energie, die ich hineingesteckt habe, wieder heraus; der Wirkungsgrad wäre 1 (oder 100 Prozent). »Wirkungsgrad« ist nur die optimistische Redeweise (»das Glas ist halb voll«), von »Verlusten« spricht der Pessimist (»das Glas ist halb leer«). Das konsequente Vermeiden des Wortes »Verlust« ist die Ideologie Amerikas und führt oft zum angestrebten Ziel – aber manchmal auch zum Verlust der Realität.

Reales Wasser, das durch reale Rohre strömt, erleidet unvermeidliche

Reibungsverluste, was den Wirkungsgrad jeder Pumpe senkt. Die Verluste werden mit steigender Rohrlänge immer größer.

In Hydraulischen Widdern wird maximal 30 Prozent des angelieferten Wassers hochgepumpt. Es gibt solche Maschinen natürlich für verschiedene Anwendungsbereiche, Fördermengen und -höhen. Die Widder pumpen zwischen 2 und 700 Litern pro Minute, bei Abstimmung aller Parameter können Förderhöhen von 300 Metern erreicht werden, allerdings werden die Ventilstöße bei über 70 Meter Förderhöhe sehr stark, sodass rascher Verschleiß eintritt.

Joseph Montgolfier hatte 1797 ein Patent auf seine Maschine erhalten, von ihm stammt auch der Name »bélier hydraulique« – »Hydraulischer Widder«. Inspiriert war der Ausdruck vermutlich vom »Widderstoß«. Im selben Jahr erwarb der britische Ingenieur Matthew Boulton das Patent für England. Er wollte damit in hügeligem Gelände Wasser fördern. Richtig durchgesetzt hat sich die Maschine aber nicht. Johann Albert Eytelweins Buch »Bemerkungen über die Wirkungen und vortheilhafte Anwendung des Stoßhebers« war die erste Veröffentlichung zum Thema und wurde sogar ins Französische übersetzt. Das Original erschien 1805 in Berlin, die französische Übersetzung erst 1822 in Paris – von da an setzte sich der Hydraulische Widder allmählich durch, was auch mit der Übertragung von Montgolfiers Patent an den Briten John Easton zu tun hatte, der den Widder aus der Bastlerstube herausbrachte und industriell herstellte.

Eine große Karriere hat der Hydraulische Widder nicht gemacht. Das Lexikon von 1905 konstatiert, der Widder werde »nur sehr selten verwendet«, bei kleinen Wasserversorgungen. In Amerika hat er größeres Interesse und weite Verbreitung gefunden – bis das Öl aufkam und dieselgetriebene Pumpen.

Man geht von Hohenems im Vorarlberger Rheintal gut zweieinhalb Stunden auf die Alpe »Priedler«. Wie die Alpe »Schöner Mann« gehört sie aber nicht zu Hohenems, sondern zur Marktgemeinde Lustenau, die am Rhein an der Schweizer Grenze gelegen ist. Die beiden Alpen – die Hochgebirgsweide heißt im alemannischen Sprachraum »Alp« und nicht »Alm« – werden be-

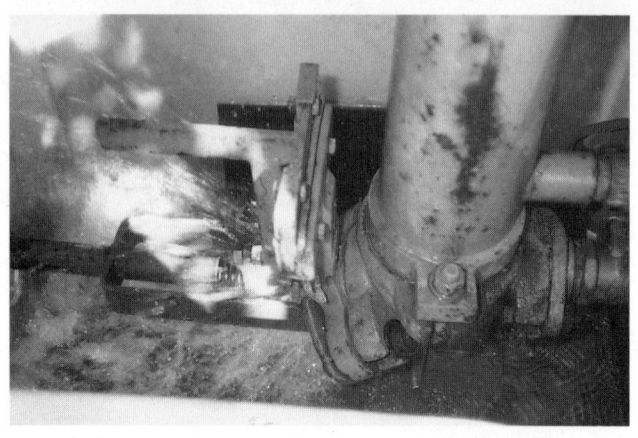

Der Hydraulische Widder in der Praxis. Er versorgt die Alpe »Priedler«
mit 6200 Liter Wasser. Jeden Tag ohne Fremdenergie.

wirtschaftet. Man brauchte große Wassermengen für die Käserei, deshalb
wurde 1991 unterhalb der Priedler Alpe ein Hydraulischer Widder installiert.

In der Schnittzeichnung auf dieser Seite sieht man, wie sich auf der linken Seite eben das Sperrventil (»v« in der Abbildung auf S. 66) öffnet und
Wasser herausspritzt. Das dicke senkrechte Rohr rechts daneben ist der
Windkessel, das untere der beiden Rohre, die rechts einmünden, ist der Zu-
lauf (Rohr »b« auf S. 66), das Rohr darüber ist die Steigleitung (Rohr »d«).
Das Steigventil ist hier im Windkessel eingebaut und nicht sichtbar. Der
ganze Apparat misst nur siebzig Zentimeter, der Widder steht auf 1267 Meter Seehöhe, 27 Meter höher, an einem Bachlauf, befindet sich die Quellfassung, die ihn mit Wasser versorgt. Der Apparat pumpt das Wasser 131 Meter hoch in einen zehntausend Liter fassenden Wasserspeicher. Von dort
werden zwei Alpen versorgt. Das Wasser hat natürlich Trinkwasserqualität.
Dem Widder laufen 35 Liter pro Minute zu, 4,3 Liter davon pumpt er hinauf,
6200 Liter am Tag. Irgendwelche Probleme hat es noch nie gegeben, das Modell stammt von einer Schweizer Firma, auf Schweizer Alpen ist der Widder
verbreitet.

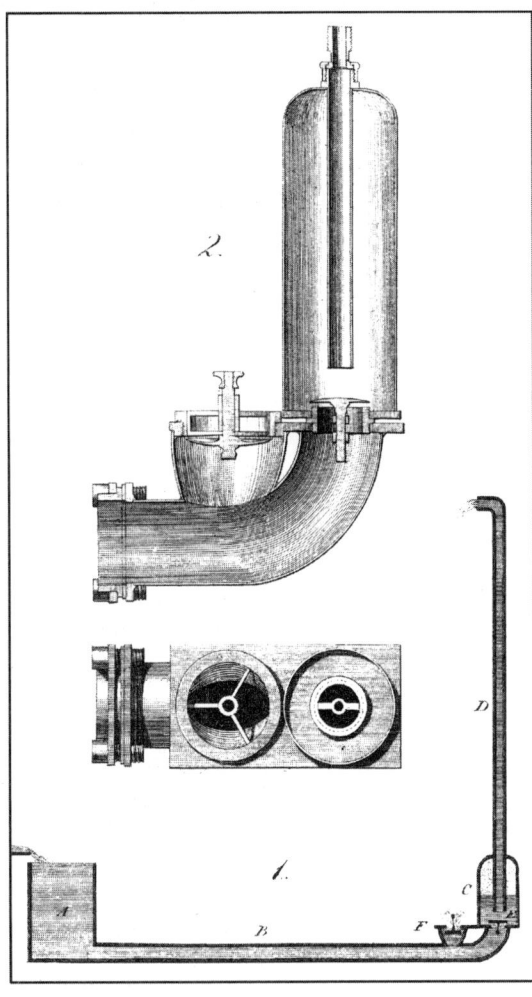

Schnittzeichnung aus Johann Albert Eytelweins 1805 erschienenem Buch »Bemerkungen über die Wirkung und vortheilhafte Anwendung des Stoßhebers nebst einer Reihe von Versuchen, mit verschiedenen Anordnungen dieser neuen Wasserhebungsmaschine«

Der Hydraulische Widder ist eine Maschine ohne rotierende Teile, ohne fossile Energie, ohne Abgase. Die grüne Bewegung liebt den Widder, wovon man sich leicht auf diversen Internetseiten überzeugen kann.

Auch Amerika weiß, was es dem Widder verdankt. 1879 zählte die

People's Cyclopedia den Hydraulischen Widder zu den bedeutendsten Erfindungen der Menschheit; für Farmer, die eine konkurrenzlos billige Wasserpumpe zur Verfügung hatten, galt das ohne Zweifel.

Den Hydraulischen Widder in die vergessenen Erfindungen dieses Buches einzuordnen, fällt schwer. Vergessenen Erfindungen kann man, wenn man es sich leicht machen will, den Status von »Opfern« zusprechen. Der Absorberkühlschrank wäre das »Opfer« der Stromkonzerne geworden, das Flettnerschiff das »Opfer« der Weltwirtschaftskrise, der Seebeckgenerator »Opfer« der Arroganz seines Erfinders und so weiter; finden lässt sich immer etwas. Aber wessen »Opfer« wäre der Hydraulische Widder? Bei »Opfer« schwingt die kontrafaktische Option des Historischen mit – was, wenn es »anders« ausgegangen wäre, »es sich durchgesetzt hätte«? In jeder vergessenen Erfindung steckt dieses Potenzial einer *alternativen* technischen Entwicklung, einer besseren oder schlechteren, ganz egal, jedenfalls einer anderen. Eben dieses Potenzial suchen wir beim Widder vergeblich. Er war von allem Anfang an in der Anwendung beschränkt, er war und ist nicht überall einsetzbar. Man kommt gar nicht auf solche Gedanken: etwa eine Weltherrschaft des »Zweiventilwasserpumpens«. So etwas kann es nicht geben. Der Widder ist in der Praxis so beschränkt wie die andere, die berühmte Erfindung seines Schöpfers, der Heißluftballon. Der lässt sich nicht steuern, nach zweihundert Jahren immer noch nicht.

Der Hydraulische Widder zeigt offen vor, was er ist, für Fantasien ist kein Platz. Noch so viele Entwicklungsmillionen würden aus ihm nichts anderes machen, als er ist: eine kleine, höchst nützliche Maschine. Er ist ein Produkt der Aufklärung. Von allen Erfindungen in diesem Buch ist er die unromantischste, die schlichteste, kein Projektionsschirm für Sehnsüchte und fantastische Träume. Darin hat er etwas sehr Modernes. Denn er ist kühl – und sympathisch.

Der Holzvergaser

Machen Sie einen Test: Fragen Sie einen Techniker aus Ihrem Bekanntenkreis, ob er Georges Imbert kennt (es sollte ein Techniker sein, bei einem Nichttechniker ist die Sache von vornherein chancenlos). Ich habe diesen Test oft und oft gemacht und kein einziges Mal eine positive Antwort erhalten. Nach Aussage seines Biographen Erik Eckermann kannte in den vierziger Jahren angeblich jedes Schulkind einen *Imbert*: einen nach seinem Erfinder benannten Holzvergaser – ein Auto, das mit Holzgas fuhr.

Der Name Georges Imbert und sein Holzvergaserauto sind einem so vollkommenen Vergessen anheim gefallen, dass dies nur mit der klassischen »damnatio memoriae« vergleichbar ist – der völligen Löschung aller Erinnerungswerte, die der römische Senat über Staatsfeinde verhängte. Im alten Rom ganz offiziell, heute vom kollektiven Unbewussten exekutiert: der Name Imbert war viel zu stark mit dem verlorenen Krieg assoziiert, das Naziregime hoffte, mit dem Holzvergaser trotz erdrückender Rohstofflage den Endsieg doch noch erzwingen zu können. Als Imbert 1950 starb, nahm niemand davon Notiz. Mit dem Holzvergaser hatte man weder den Zweiten Weltkrieg gewinnen können noch den Kalten, der sich anschließen sollte, so kam Imbert nicht in den Genuss einer Rehabilitation aus Staatsräson wie der Kollege Wernher von Braun, dessen V2 zwar Tausende Menschen in England getötet hatte, aber zur Großmutter der Interkontinentalrakete wurde. Deshalb kennt man Wernher von Braun, Imbert nicht.

Der in Niederstinzel in Lothringen geborene Georges Imbert besuchte die Chemieschule in Mülhausen im Elsass. Heute heißt sie »Ecole supérieure de Chimie«, eine »höhere technische Lehranstalt« also, an der sich Imbert zum Chemiker ausbilden ließ. Die Ausbildung dauerte vier Jahre, irgendwelche Titel konnten nicht erworben werden, aber ein Diplom und das chemische Wissen der Zeit. Offenbar so ausreichend, dass Imbert gleich eine Stelle als Chemiker beim »Consortium für die elektrochemische Industrie GmbH« in Nürnberg antreten konnte. In den nächsten Jahren machte er mehrere Erfindungen, vor allem im Bereich Farbstoffchemie, ein Auslands-

Georg (auch Georges) Christian Peter Imbert kam am 26. März 1884 in Niederstinzel/Lothringen zur Welt. Nach dem Besuch der Schule für technische Chemie in Mülhausen machte er sich als Seifenhersteller selbstständig. Im Jahre 1923 entwickelte er den ersten der nach ihm benannten Holzgeneratoren. Er starb am 6. Februar 1950 in Sarre-Union/Elsass.

aufenthalt in England schloss sich an – mit Holzvergasung hatte das alles nicht das Geringste zu tun. Imbert kehrte aus England zurück und betrieb in seiner Heimat eine kleine Seifensiederei. Dann brach der Erste Weltkrieg aus; Imbert war zum Teil als Industriechemiker freigestellt. 1918 fiel Elsass-Lothringen an Frankreich, Imbert lernte Maxim Weygand kennen, den Stabschef von General Foch. Die Franzosen hatten in den letzten beiden Kriegsjahren die peinliche Abhängigkeit von ausländischen Öllieferungen kennen gelernt. Weygand ermutigte Imbert, einen Gasgenerator zu entwickeln.

Die Betonung liegt auf »entwickeln«. Der Gasgenerator selbst war schon seit 1839 bekannt. Der Hüttenmeister Bischof hatte im Harz einen »Gasentwicklungsofen« gebaut, der aus Torf ein Heizgas herstellte, mit dem man einen Hochofen betreiben konnte. Aber auch Bischof baute auf früheren Versuchen auf. Überhaupt stand nicht das Holz am Ausgangspunkt der Gasentwicklung, sondern die Kohle. Wenn man Kohle nicht verbrennt, sondern unter Luftabschluss erhitzt, wandelt sie sich in Koks um. Und womit erhitzt man die Kohle? Natürlich mit weiterer Kohle. Das Verfahren geht also nur dort, wo reichlich Kohle vorhanden ist und industriell abgebaut wird. Koks braucht man zur Verhüttung von Eisen, zur Beschickung des Hochofens. Mit Kohle selbst geht das nämlich nicht; vor der Entdeckung des Koks war das einzige Verhüttungsmittel die Holzkohle, die auf relativ altväterliche Art in so genannten Kohlenmeilern im tiefen Wald gewonnen wird. Leider ist Holzkohle sehr empfindlich gegen den Transport auf vorindustriellen Rumpelpisten, weil sie zu feinem, für Verhüttungszwecke unbrauchbarem Staub zerfällt. Eisenverhüttung ging also nur dort, wo Eisenerz und Holz gemeinsam vorkamen. Mit Holzkohleverhüttung gibt es keine Massenproduktion, von der Menge her beschränkte man sich auf die Erzeugung hochwertiger, aber geringmassiger Endprodukte. Also Waffen. Das Eisen für einen Eiffelturm lässt sich auf diese Art nicht erzeugen; es bedarf eines gehörigen Grades ideologischer Verbohrtheit, es noch im 20. Jahrhundert mit »Hinterhof-Hochöfen« dennoch zu versuchen, wie die Chinesen im »Großen Sprung nach vorn«. Es endete mit einem Desaster.

Ohne Koks kein Masseneisen und keinen Massenstahl. Im Lauf des 18. Jahrhunderts gab es viele Patente zum Ersatz von Holzkohle durch Koks;

richtig durchgesetzt hat sich der Koks erst gegen 1780. Beim Erhitzen der Kohle entsteht eine Menge Gas. 1786 nutzte Lord Dundonald auf Culross Abbey dieses Gas zur Beleuchtung seines Landhauses. Ein Professor Pickel erhellte im selben Jahr sein Würzburger Labor mit Gas, das er bei der Erhitzung von Knochenfett erhalten hatte. Kohlengas war zunächst ein Abfallprodukt der Brennwert des Gases.
Sein Generator war natürlich ortsfest, genauso wie die Gasmotoren, die er versorgte; es ging um den Antrieb von Maschinen, nicht um Fortbewegung.

Im letzten Viertel des 19. Jahrhunderts kamen als Gasverbraucher so genannte »Gasmotoren« auf; man sprach folgerichtig nicht mehr nur von »Leuchtgas« und »Heizgas«, sondern auch von »Kraftgas«. Der Engländer Dowson blies neben Luft auch Wasserdampf durch glühende Anthrazitkohle und erhöhte dadurch den Wasserstoffgehalt und Brennwert des Gases. Sein Generator war natürlich ortsfest, genauso wie die Gasmotoren, die er versorgte; es ging um den Antrieb von Maschinen, nicht um Fortbewegung.

Bei manchen Erfindungen der Vergangenheit ist es hilfreich, einen »psychohistorischen« Trick anzuwenden: Man versuche, alles Wissen darüber in der eigenen Erinnerung zu löschen und sie sich unverstellt anzusehen – etwa wie der Mensch im Patentamt, der sie das erste Mal zu Gesicht bekommt. Bei den zahlreichen Gasgeneratoren, die damals gebaut wurden, überrascht die Primitivität der Entwürfe. Wer noch nie etwas von Holzvergasung gehört hat und nicht weiß, dass die Dinger irgendwie funktioniert haben, würde keine zehn Cent auf sie wetten. Eine Maschine stellen wir uns für gewöhnlich mit beweglichen Teilen vor, man sagt nicht umsonst, »sie läuft« oder »sie läuft nicht«. An den Gasgeneratoren, auch an denen von Imbert, erscheinen auf den Schnittzeichnungen keine bewegten Teile. Es gibt keine Räder und Hebel, nur Schemapfeile, die das Strömen der Luft und des Gases andeuten sollen. Beide bewegen sich offenbar von selber, wie in einem Ofen. Und das sind diese Generatoren auch. Leicht umgebaute Öfen. Eigent-

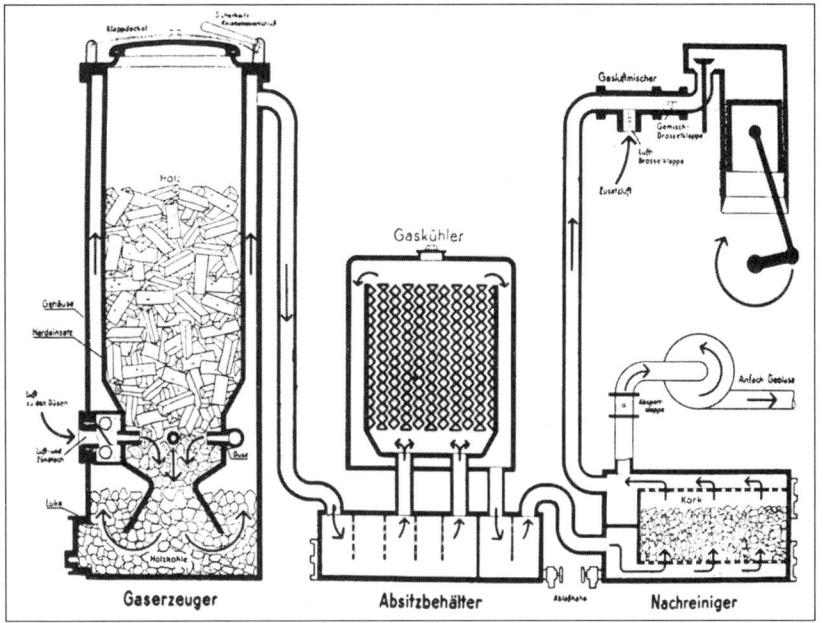

Schnitt durch den Imbertschen Holzvergaser. Eine Maschine vom »Ofen«-Typ mit großer Zukunft im Zeitalter der Biomasse.

lich nur Metallzylinder, in die von oben zerkleinertes Holz eingefüllt wird. Im untersten Teil gibt es meistens eine Verengung, einen Rost oder ein Holzkohlebett, und dort wird auch Luft angesaugt.

Jeder normale Ofen liefert drei Dinge: Wärme, Abgas und Asche. Genauso ist es bei jedem Gasgenerator. Nur ist man hier nicht an der Wärme interessiert, sondern am Abgas, das ein bisschen günstiger zusammengesetzt ist als beim Zimmerofen. Man schickt es auch nicht in einen Kamin, sondern in einen Motor. Die Analogie zum Ofen geht noch weiter. Ein Gasgenerator ist einfach ein Ofen, der zwar *zieht*, dennoch dauernd zu wenig Luft kriegt. »Zu wenig Luft« war das Schreckgespenst in Zeiten der Einzelofenheizung, zu wenig Luft hieß Bildung von Kohlenmonoxid und Gasvergiftung. Genau dieses Kohlenmonoxid wird beim Gasgenerator absichtlich erzeugt. Die chemische Gleichung verdeutlicht das mit unüberbietbarer Klarheit:

1: $C + O_2 = CO_2 + $ Wärme

Kohlenstoff und *viel* Sauerstoff gibt Kohlen<u>di</u>oxid und Wärme: Zimmer heizen.

2: $C + \frac{1}{2} O_2 = CO + $ Wärme (bisschen weniger)

Kohlenstoff und *wenig* Sauerstoff gibt Kohlen<u>mo</u>noxid und weniger Wärme: Auto fahren!

Holz ist nie ganz trocken. Das trifft sich gut, denn das beim Heizen unerwünschte Wasser reagiert im Generator noch auf eine dritte, nützliche Weise:

3: $C + H_2O + $ Wärme $ = CO + H_2$

Kohlenstoff und Wasser gibt Kohlenmonoxid und *Wasserstoff*. Die Reaktionen 1 und 2 liefern Energie, Reaktion 3 braucht welche, um abzulaufen. Bei den Reaktionen 2 und 3 entstehen zwei *brennbare Gase.* Man könnte sie in einem Gasbehälter speichern und bei Bedarf verheizen. Man kann sie aber auch gleich einem Motor zuführen. Einem Gasmotor. Mit der Betonung auf *Gas.* Solche Motoren wurden das ganze 19. Jahrhundert hindurch vorgeschlagen und zum Teil auch gebaut, das Modell des Ingenieurs Nikolaus Otto von 1878 ist gewissermaßen nur die Spitze eines technologischen Eisbergs. Das waren alles Gaskraftmaschinen, von flüssigen Kraftstoffen, gar von Benzin, ist keine Rede. Gase gab es in Hülle und Fülle. Praktisch jedes kohlenstoffhaltige Material ließ sich vergasen. Das eine besser, das andere weniger gut. Den zahlreichen Erfindern von Gaskraftmaschinen steht eine Phalanx von Generatorerfindern gegenüber, die das nötige Gas aus weiß Gott für abseitigen Ausgangsmaterialien lieferten, vom Knochenfett zum Anthrazit.

Funktioniert hat das auch alles mehr oder weniger gut, aber eben nur für *stationäre Anlagen*. Natürlich war es verlockender, einem Automobil Kraftstoff in flüssiger Form mitzugeben, als den Wagen noch mit einer Generatoranlage zu belasten. Der Motor selber wog schon genug. Wie sehr der Begriff »Gas« aber das technische Denken beherrschte, beweist der »Vergaser«, der eigentlich »Zerstäuber« heißen müsste. Ein Ottomotor läuft letzten Endes mit Gas, basta! Der Erste Weltkrieg zeigte allen Beteiligten, wie abhängig sie von überseeischen Öllieferungen waren. In Europa gab es Holz und Kohle, aber eben kein Erdöl, das als einziger Rohstoff billiges Benzin liefern konnte. Also wurde in den zwanziger Jahren in England und Frankreich energisch am Gasgenerator geforscht. In England ließ man das bald wieder sein, als das Öl billiger wurde, in Frankreich dagegen war der Gasgenerator Sache des Kriegsministeriums, der Wettbewerb verschiedener Hersteller wurde staatlich gefördert, es gab ein Rennen für gasbetriebene Lastwagen über 1500 km, eine ganze Reihe französischer Autobauer stellte Gaserzeuger her.

Imbert baute seine ersten Generatoren im Dienste des Barons de Dietrich, eines Metallfabrikanten aus Elsass-Lothringen. Der verkaufte aber 1926 die Patente, Imbert machte sich selbstständig und stellte mit drei Angestellten nun selber Generatoren her. Georges Imbert hat den Generator nicht erfunden, aber entscheidend verbessert. Er führte die Luft über eine ringförmige Düse zu und entwickelte die abströmende Vergasung. Der Gasgenerator ist eine Sache, die sich grundlegend von heutigen Erfindungen unterscheidet. Auf die relative Simplizität wurde schon hingewiesen. Damit steht der Holzvergaser am unteren Ende der Komplexitätsskala. Jeder technisch Interessierte ordnet Erfindungen unwillkürlich auf einer solchen Skala an. Parallel zur ersten läuft die Skala unserer Achtung. Etwa in der Mitte stehen Dinger mit zahlreichen Zahnrädern, Hebeln und Schrauben, etwa eine Nähmaschine. Man durchschaut sie nicht auf den ersten Blick, ist aber zuversichtlich, was das Verstehen betrifft, wenn man sich eingehend damit befassen würde. Am oberen Ende steht heute der Computerchip, der von einem einzelnen Menschen nicht mehr komplett verstanden werden kann, schon gar nicht von einem Laien. Vor dem Chip geben wir leichten Herzens auf.

kraft aus jedem holz

Der bewährte **IMBERT**-Holzvergaser
mit dem guten Ford-Motor ... das ist die
wirtschaftliche Kraftquelle für Ihren Betrieb

Und am unteren Ende? Da steht zum Beispiel der Gasgenerator. Keine oder nur ganz wenige bewegte Teile. Wir stehen verärgert davor; der Generator beleidigt gewissermaßen unser technisches Verständnis, wir sollen uns hier unter unserem Niveau amüsieren. Eine Blechtonne voller Holzspreißel, die vor sich hin kokeln. Darf sich so was überhaupt Erfindung nennen?

Der Unmut ist unberechtigt und rührt daher, dass wir buchstäblich keine Ahnung haben. Der Gasgenerator ist komplex wie der Computerchip. Denn die Reaktionen, die in ihm ablaufen, sind nicht nur die mit den Nummern 1, 2 und 3. Da kommen noch ein paar hundert dazu. Alle in nicht vorhersehbarer Weise voneinander abhängig. Zeitlich, stofflich und energetisch. Die Gleichungen sind grobe, fast schon gewaltsame Vereinfachungen. Holz ist nicht gleich »C«, ist nicht einfach Kohlenstoff, sondern ein hochmolekulares Stoffgemisch. Und es entstehen im real existierenden Holzgasgenerator nicht nur Kohlenmonoxid, -dioxid und Wasserstoff, sondern Dutzende weiterer chemischer Substanzen, deren Mischung »Holzteer« genannt wird, eine übel riechende, schmierige Brühe, die unbedingt aus dem Gas entfernt werden muss, ehe es in den Motor gelangt – sonst gibt es denselben Effekt wie bei Zucker im Tank. Also mussten Absitzbehälter, Prallbleche, Nachreiniger und Gaskühler eingebaut werden. Noch besser war natürlich, wenn dieser Holzteer gar nicht erst entstand oder gleich selber weitervergast wurde. Georges Imbert erreichte dies durch seine Ringdüse und die Luftführung mit Umkehr. Den bis dahin üblichen Rost ersetzte er durch ein Holzkohlenbett, was die Vergasungszone vergrößerte und die Konstruktion viel weniger anfällig für Betriebsstörungen machte als ein mechanischer Rost. Das gewonnene Gas strömte im Doppelmantel nach oben und heizte die Brennstoffsäule weiter innen, dabei kühlte es sich ab – das verminderte den Kühlaufwand. Das Gas durfte nämlich erst mit etwa dreißig Grad in den Motor gelangen, nicht heißer.

Imbert war nicht der einzige Hersteller von Gasgeneratoren in Frankreich. Er hatte nur ein im Prinzip bekanntes Gerät durch kleine Verbesserungen zu etwas Wirksamem und Narrensicherem gemacht, das seine Konkurrenten weit hinter sich ließ. Allerdings hatte das Generatorgas auch unübersehbare Schwächen: Es bestand zur Hälfte aus Stickstoff, dem nicht brennbaren Bestandteil der Luft. Dazu kamen 10 Prozent ebenfalls nicht brennbares Kohlendioxid; weniger als die Hälfte des Volumens fielen auf die brennbaren Gase Kohlenmonoxid und Wasserstoff. Der Energieinhalt lag bei 1,2 kWh pro Kubikmeter. Zum Vergleich: bei Erdgas (Methan) sind das zehn kWh pro Kubikmeter. Die damals übliche Bezeichnung »Schwachgas« für das Generatorprodukt kann nicht verwundern. Herkömmliche Motoren konnten nicht ohne weiteres mit Holzgas betrieben werden, wenn man nicht erhebliche Leistungseinbußen in Kauf nehmen wollte. Wegen des niedrigen Heizwertes musste die Verdichtung von 1:5 auf 1:9 erhöht werden, aber auch dann leistete der Motor zwanzig Prozent weniger. Die Fahrzeugtechniker waren vom Generatorfahrzeug nicht begeistert. Denn der moderne Automotor für flüssige Kraftstoffe hatte sich aus dem Gasmotor entwickelt, der als überwundene, veraltete Maschine betrachtet wurde. Nirgendwo zeigt sich der Tunnelblick der Ingenieure so stark wie beim Fahrzeugantrieb. Von neuen Antriebskonzepten sind sie erst einmal so begeistert wie Junkies, die vom Methadonprogramm hören. Einmal Benzin, immer Benzin. Technische Entwicklung, die sozusagen »rückwärts« geht, ist eine Ungehörigkeit, die nicht sein darf, eine Verirrung – als sei Technik den Gesetzen der biologischen Evolution unterworfen, die tatsächlich niemals umkehrt.

Georges Imbert konnte aber schon lange vor dem Zweiten Weltkrieg in Sarre-Union ein großbürgerliches Fabrikantenleben als Generatorhersteller führen. Warum wohl? (Und er war nicht der Einzige, der Gasgeneratoren herstellte.) Weil diese Dinger auch verkauft wurden. Und verkauft wurden sie, weil die Treibstoffkosten nach der Umrüstung auf zehn Prozent sanken!

Davon war der westfälische Fuhrunternehmer Linneborn so beeindruckt, dass er seine zwanzig Lastwagen auf Generatorbetrieb umstellte und sich um eine Produktionslizenz für Deutschland bemühte. Imbert sträubte sich zuerst, weil er die, wie er sich ausdrückte, »stärkste Macht der Welt« fürchtete, das Ölkapital. Linneborn werde nur Schwierigkeiten haben, während er, Imbert, sich wenigstens des Schutzes des französischen Kriegsministers Maginot erfreuen dürfe. Nach längerem Hin und Her gab es doch eine Lizenz für Deutschland, die Sowjetunion, Persien und Litauen. Imbert bewies in puncto Ölkapital bemerkenswerte Hellsicht. In Frankreich begannen die Ölleute nach dem Tode Maginots gegen den Generator zu wühlen. Der Minister hatte per Gesetz in alle französischen Lastwagen über zwei Tonnen Gewicht auf Staatskosten Holzgasgeneratoren einbauen lassen wollen. Das wurde vereitelt. Imbert war französischer Staatsbürger, Frankreich war *das* Generatorland. Dass ausgerechnet Maginot den Holzgasantrieb propagierte, mag nach dem Ersten Weltkrieg ein psychologischer Nachteil für den Generator gewesen sein, denn mit seinem Namen verbindet sich auch die Maginotlinie, das Monsterfestungswerk, das die Deutschen auf ewig von den französischen Grenzen fernhalten sollte. Es war ebenso großartig wie nutzlos, weil die deutschen Panzer sich nicht um die Neutralität der Belgier, Luxemburger und Niederländer scherten und die Maginotlinie im Westen umgingen.

In der Friedenszeit der dreißiger Jahre blieb der niedrige Energiepreis das einzige Argument für den Holzvergaser. Er setzte sich ausschließlich dort durch, wo die Frachtkosten im Vergleich mit den Kosten der Produkte hoch lagen, z. B. in Holz verarbeitenden Betrieben und bei Mühlen. Wenn das beförderte Gut selber teuer war, spielten die Frachtkosten keine Rolle und der Generator hatte keine Chance. Die heutige Knopfdruckmentalität hat es vor siebzig Jahren noch nicht gegeben, aber den Anspruch an eine Minimalbequemlichkeit schon. Den konnte der Imbertgenerator nicht befriedigen. Autofahren mit Holzgas hieß: einen Ofen anheizen. Zunächst mussten auf den »Herd« Holzspäne, darüber eine zehn Zentimeter dicke Holzschicht gelegt und die Späne angezündet werden (ähnlich wie beim Grillen). Sobald die Holzkohle glüht, wird der obere Schraubdeckel geöffnet und der Schacht mit Holz gefüllt. Deckel zu. Im nächsten Schritt enthüllte sich die Bedeutung des technischen Begriffs »Sauggasgenerator«: Wenn das Ding läuft, *saugt* der niedergehende Kolben das Gas durch die ganze Anlage in den Zylinder; der laufende Motor ist beim Generator das, was der Kamin beim Zimmerofen ist. Aber ganz am Anfang läuft ja noch nichts. Kein Motor, kein Zug. Hier springt der Mensch ein und betätigt eine Kurbel, die über einen Ventilator den notwendigen Sog erzeugt, dann hat es auch nur noch fünf Minuten gedauert, bis man losfahren konnte. Alle 80 bis 150 Kilometer musste Holz nachgetankt werden. Dazu musste man hinaufsteigen, den heißen Deckel des Generators aufmachen und einen neuen Sack Spreißel hineinschütten. Manchmal schlugen Flammen heraus, und alle 150 Kilometer musste der Gasreiniger, eine mit Korkstückchen gefüllte Trommel, entleert und gesäubert werden; alle tausend bis zweitausend Kilometer der Generator, was genauso viel Spaß gemacht haben muss wie die gründliche Innenreinigung eines Dauerbrandofens. Kein Wunder, dass sich die Holzvergaser keiner großen Beliebtheit erfreuten. Das Fahren selber war auch nicht ohne: Da der Motor sich seinen eigenen Betriebsstoff »ersaugt«, gibt es bei wechselnder Drehzahl unerfreuliche Rückkopplungen, die leicht dazu führen, dass der Gasstrom abreißt – und das Feuer ausgeht. Dieser Gefahr konnte

Der Schrecken jedes Autofetischisten. Moderne Holzvergaser würden sich jedoch in die Karosserie integrieren lassen.

mit einer Reihe von Drahtzügen und Hebeln begegnet werden, deren Betätigung den Fahrer allerdings vom Verkehr ablenkte. Dazu kommt ein ästhetisches Argument. Wer heute überhaupt noch einen Holzvergaser vor seinem geistigen Auge erstehen lassen kann, der denkt an einen schnittigen PKW aus den Dreißigern, in dessen elegantes Fließheck allerdings ein Loch geschnitten wurde – dort ragt der Generator heraus. Mit den Abmessungen und der Linienführung einer großen Mülltonne. Das sieht einfach widerwärtig aus. Das Bild erfordert einiges an Erklärung: Ursprünglich hatte niemand vorgehabt, Generatoren massenweise in Pkws einzubauen. Der Holzvergaser war ein Apparat für Lastwagen und Trecker. In diese »technischeren« Fahrzeuge ließ er sich auch besser integrieren, er fiel dort nicht so unangenehm auf. Die Umrüstung von Personenwagen auf Generatorbetrieb erfolgte erst 1943, als die Treibstofflage immer verzweifelter wurde.

Die Nazis hatten vom Holzvergaser zuerst nicht viel gehalten. Die Kriegsmaschine sollte durch die synthetischen Stoffe der deutschen Großchemie angetrieben werden, nicht durch klein gehacktes Holz. Darauf wich man aber schon bald aus, die Firma *Imbert-Köln* stellte bis 1945 eine halbe Million Generatoren her, nachgebaut wurden sie von zahlreichen anderen Firmen im nationalsozialistischen Machtbereich, z. B. von Renault in Frankreich. Ohne den Zweiten Weltkrieg hätte es diesen künstlichen Boom des Holzgasbetriebs nicht gegeben. Er hielt, durch die Verhältnisse des Nachkriegs bedingt, sogar noch einige Jahre an. 1952 war aber endgültig Schluss, die Imbert-Werke wurden aufgelöst, an Holzvergasern bestand kein Interesse mehr. Der Erfinder selbst war schon 1950 gestorben.

Und jetzt? Aus und vorbei? Nicht so hastig. Es ist schon wahr: Der Holzvergaser verdankte seine kurze Karriere staatlichen Eingriffen, die politisch-ideologisch motiviert waren. Dem »freien Spiel der Kräfte« überlassen, hatte er keine Chance und verschwand in der Versenkung. Das mit dem freien Spiel der Kräfte ist aber nur die halbe Wahrheit. Der Holzvergaser ist so stark mit der Nazizeit konnotiert, dass er sehr gern »vergessen« wurde. »Not« und »Ersatz« sind weitere assoziierte Begriffe; es ist kein Wunder, dass an den autofreien Sonntagen in der Ölkrise der siebziger Jahre das eine oder andere mit Holzvergaser betriebene Fahrzeug unter Planen aus den hintersten Ecken irgendwelcher Scheunen hervorgezogen und in Betrieb gesetzt wurde – um auf leeren Autobahnen einsam dahinzuziehen. Eine Fernsehikone, die sich tiefer ins Gedächtnis eingegraben hat, als das heute die meisten wahrhaben wollen, ein Post-doomsday-Horror-Science-Fiction-Bild, das komische, leicht qualmende Mülleimerauto ganz allein auf der Autobahn, wo sind alle die anderen Autos, wo sind die Menschen, fragt lieber nicht, etwas Entsetzliches muss geschehen sein ... Benzin gibt's auch keins mehr.

Aber Holz! Lassen wir das furchtbesetzte Energiekrisenvexierbild umspringen ins Positive. Es gibt Holz, Holz, Holz. Bis ans Ende aller Tage. Und es wird laufend mehr. In vier Jahren wird es schon wieder mehr Holz geben als heute. 150.000 Hektar mehr Wald. Wie viel Wald gibt es eigentlich in Deutschland? Rund 11 Millionen Hektar, das sind 30 Prozent der Fläche, für einen industrialisierten Staat ein hoher Wert. Der deutsche Wald ist aber nicht nur Märchenort und Sehnsuchtshort und Spiegelbild der deutschen Seele und was weiß ich noch alles, sondern ein Lager für eine ganze Masse lebendes Holz. Der durchschnittliche »Vorrat« (das heißt forstlich wirklich so) beläuft sich auf 270 Kubikmeter pro Hektar, das ist ein Holzstoß von sechs dreiviertel Meter Länge, Breite und Höhe: ein massiver Klotz mit den Abmessungen eines Einfamilienhäuschens (Entschuldigung: -hauses, natürlich Einfamilien*hauses*!) Das alles elf Millionen mal. Auf jedem Hektar wachsen nun aber jedes Jahr noch sechs Kubikmeter Holz zu, gefällt werden aber nur vier Kubikmeter (im Schnitt). Bleiben also zwei übrig. Jeder Kubikmeter Holz wiegt etwa 600 Kilo. In den vierziger Jahren ersetzten 2,2 Kilo Holz (vorsichtig gerechnet) einen Liter Benzin. Also ist der *Überschuss* eines einzigen Hektars Waldfläche ein Äquivalent von 545 Liter Benzin – jedes Jahr neu. Elf Millionen mal. Die Frage drängt sich auf: Wie weit würde das reichen, wenn wir – im Gedankenexperiment – unser ganzes erdölbasiertes Verkehrssystem auf Imbert-Holzvergaser umstellten?

2,68 EJ: das gibt die Statistik als Endenergieverbrauch des Verkehrssektors in Deutschland an. Wunderbares Beispiel für dreifache Verschlüsselung eines bedenklichen Sachverhalts (um den Bürger nicht zu erschrecken und energiepolitisch zu aktivieren, was höchst unerwünscht ist). Dreifache Verschlüsselung: erstens muss man wissen, dass »E« »exa« und »J« »Joule« bedeutet, also 2,68 Exajoule. Dann muss man zweitens wissen, dass »exa« die Abkürzung ist für »zehn hoch achtzehn«, eine Eins mit achtzehn Nullen, man kann auch sagen »Trillionen«, das tut man aber nicht in der Wissenschaft, weil es lächerlich ist und zu sehr an die »Phantastilliarden« des Onkel Dagobert erinnert; drittens muss man wissen, was ein Joule ist, nämlich ein Maß für die Energie, nur eben lächerlich klein. Ein Joule wird frei, wenn man ein Sechsunddreißigstel Mikroliter Öl verbrennt, ein kugelförmiges Tröpfchen, kleiner als ein halber Millimeter im Durchmesser; um das zu sehen, brauchen Sie schon ein Mikroskop. Oder: Wenn Sie tüchtig Rad fahren, leisten Sie 100 Watt, das sind hundert Joule pro Sekunde. *Ein* Joule leisten Sie dann in einer hundertstel Sekunde – da kommen Sie gerade vier Zentimeter voran. Wie auch immer: die Multiplikation einer unvorstellbar großen (Trilliarde) Zahl mit einer unsinnlich kleinen Einheit (Joule) verhindert sicher, dass sich irgendwer irgendeine Vorstellung machen kann. Wissenschaftlerkram, eh wurscht.

So leicht wollen wir es uns hier aber nicht machen: 2,68 Exajoule sind einfach der Energieinhalt von *vierundsiebzig Milliarden Liter Benzin*. Kann man sich auch nicht wirklich vorstellen, kann man aber simulatorisch alles in den Bodensee kippen. Schwimmt ja oben. Dann stünde das Benzin auf dem See fünfzehn Zentimeter hoch.

Das nachwachsende Holz würde nicht reichen, ich sage das vorweg. Auch wenn wir alles nachwachsende Holz in den Holzvergaser stopften, nichts mehr übrig bliebe für Bretter und Balken, Wiegen und Särge. Und wenn wir an die Substanz gingen und eben einfach so viel schlügen, wie wir brauchen? Dann reichte der ganze deutsche Wald, Entnahme und Zuwachs richtig eingerechnet, etwa zwölfeinhalb Jahre. Ein Wald, der mit bloßem Zuwachs, also *nachhaltig* den Energiehunger der deutschen Autos stillen sollte, müsste gut viermal größer sein als der deutsche, das heißt, Deutschland ein Viertel größer, als es ist, und vollständig mit Wald bedeckt. Eine lächerliche Vorstellung? Es gibt natürlich Staaten auf der Erde, die auf Grund höherer Walddichte und geringerer Motorisierung das Ideal eines völlig nachhaltigen Verkehrssystems rechnerisch ohne Verbiegungen erreichen. Es ist kein Zufall, dass Brasilien schon 1938 seinen gesamten landwirtschaftlichen Maschinenpark auf Holzvergaser umstellen wollte. Bis nach dem Zweiten Weltkrieg waren die Brasilianer aktive Generatorennutzer, dann haben billiges Öl und Öl-Lobbyismus die Holzvergaser auch in Brasilien erkalten lassen.

Aber auch für Deutschland ist die Biomasse nicht so mickrig, wie das immer dargestellt wird. Holz lässt sich auf so genannten Kurzumtriebplantagen gewinnen. Man pflanzt schnell wachsende Hölzer wie Weiden, Pappeln, Erlen oder Birken. Im Mittel aller Standorte und Ertragsbedingungen kann etwa mit acht Tonnen Trockenmasse pro Hektar und Jahr gerechnet werden. Eine nachhaltige Energiewirtschaft wird immer auf einen Mix verschiedener regenerativer Quellen hinauslaufen; Deutschlands Mobilität total vom Imbertgenerator abhängig zu machen ist natürlich Unsinn. Möglich ist es allerdings – wenn man sich vom hehren Gedanken der Nachhaltigkeit verabschiedet und auf den fossilen Rohstoff setzt, der in Deutschland reichlich vorhanden ist: Braunkohle. Auch dieser Weg wurde im Zweiten Weltkrieg schon beschritten. Die Braunkohle kann man sogar als Brikett oder in Papierkartuschen in die Röhre schieben, sauber und bequem. Weniger sauber wäre allerdings das Abgas, das Wasser aus dem Absitzbehälter usw. Auch bei Holzbetrieb. Man müsste auch bedenken ...

Waaas? Will dieser Wahnsinnige uns in die automobile Steinzeit zurückversetzen?

Aber, liebe Freunde, wie könnt ihr mich nur so missverstehen? Ich will nur das schrille Gekreisch dämpfen, das nach dem Auslösereiz »kein Benzin« sofort aus den deutschen Gehirnen an die Oberfläche steigt; ich will diesen Panikgenerator zum Schweigen bringen. Wenn nur der geringste Hinweis existiert, der bloße Verdacht, es könnte einer den Hahn zudrehen, gehen die relevanten Daten in den Keller, die Aussichten, die Stimmung, die ganze Psyche, die Börse natürlich voran. Bismarck hat gesagt: »Wir Deutschen fürchten Gott, sonst nichts auf der Welt.« Inzwischen ist es eher umgekehrt: Die Deutschen fürchten sich vor allem und jedem außer vor Gott. Zumindest die Furcht, nicht mehr Auto fahren zu können, ist unbegründet. Das

Holzvergaserautos müssen nicht wie Monster aussehen: Beispiel eines privaten Umbaus aus den siebziger Jahren. Alle Bauteile gefällig integriert.

Einliterauto gibt es schon. Das Elektroauto auch. Ebenso das Auto, das mit Pflanzenöl fährt. Raps liefert solches Öl. Oder die Brechnuss in der Sahelzone, wo Pflanzungen die Wüste aufhalten könnten. Wenn wir nicht dem Autarkiewahn vergangener Epochen anhängen, könnten wir dieses Öl aus Afrika einführen. Ein Tankerunglück wäre keine Katastrophe, sondern eine Extraportion Futter für die Fische. Aber ich schweife ab.

Der Holzvergaser? Was ist nun damit? Der könnte seinen Teil leisten. Dort, wo ohnehin Holz anfällt. Es wäre ja nicht mehr die Maschine des Jahres 1943, aus dem billigsten verfügbaren Blech geschweißt, weil man aus dem besseren Granaten macht. Kein Mensch müsste mehr aufs Autodach klettern und einen Sack klein gehacktes Holz in den Generator schicken. Es *gibt* ja funktionierende Holzvergaser. Stationäre, zur Raumheizung. Mit Hackschnitzeln betrieben oder mit *Pellets*. Die sind eine Art »flüssiges Holz«, kommen mit dem Tankwagen, durch einen Schlauch in den Vorratsbehälter geblasen. Quasi flüssig, aber trocken. Deutlich billiger als Öl. Kein Mensch zündet da noch irgendwo ein Feuerchen an mit Spreißeln und der Zeitung vom Vortag. Das geht alles elektrisch, das ganze Ding ist sowieso computergesteuert, genauso ein *moderner* Holzvergaser fürs Auto. Der wäre ins Auto integriert und würde nicht hinten rausschauen wie eine absurde Riesengeschwulst.

Wie so etwas aussehen könnte, zeigt die Abbildung aus den siebziger Jahren: Ergebnis eines privaten Umbaus. Um Zulassungsschwierigkeiten wegen Bauartenänderung zu vermeiden, wurden Generator, Filter und Absitzbehälter ins Innere des Geländewagens verlegt. Es geht also.

Auch der *zeitgemäße* Imbert wäre ins Auto integriert samt Holzbehälter, Gasreiniger und so weiter – er würde elektrisch gezündet und ebenso angefacht, nicht mit Handkurbel. Und er brauchte keine fünf Minuten, bis man losfahren könnte, höchstens zwei (Georges-Imbert-Gedenkminuten). Der Tank? Ein Behälter mit quadratischem Grundriss, 54 cm lang und breit, 80 Zentimeter hoch. Voller Pellets. Reicht für 300 Kilometer Fahrt. Die komplizierte Steuerung? Macht natürlich der Computer, das Problem schreit geradezu nach einer Computerlösung.

Gibt es diesen modernen, mobilen Imbertgenerator schon? So viel ich weiß, nicht. Aber es sollte ihn geben.

Der Seebeck-Generator

Wenn wir die Erfindungen dieses Buches nach dem Grad ihrer Vergessenheit einteilen, dann gibt es solche, die vollständig aus der Erinnerung verschwunden sind wie die Honigmannsche Natronlok. Andere, wie der Ionenantrieb, sind überhaupt nur metaphorisch »vergessen«; viele Techniker kennen Namen und Prinzip, vergessen hat diesen Antrieb nur der Normalbürger. Dieser Antrieb kauert gewissermaßen dicht unter der Oberfläche des Wachbewusstseins der technischen Zivilisation.

Der Seebeck-Generator nimmt mit anderen Erfindungen eine Mittelstellung zwischen den Extremen ein. Er steht nicht als Stromerzeugungsaggregat, aber doch als »Seebeck-Effekt« in den Physiklehrbüchern und zeugt mit anderen Effekten von einem Jahrhundert, da man noch mit Drähten, Spulen und Linsen experimentieren und den eigenen Namen durch Entdeckung eines Effektes unsterblich machen konnte. Ohne Rückgriff auf – Gott bewahre! – die Quantentheorie. Die war noch gar nicht entwickelt. Meist wird man Seebeck nur in einer Klammer erwähnt finden, der von ihm entdeckte Effekt heißt »thermoelektrischer Effekt«.

Thomas Johann Seebeck wurde 1770 in Reval als Sohn eines wohlhabenden Kaufmanns geboren. In Berlin und Göttingen studierte er Medizin, widmete sich aber vielfältigen Studien in den jungen Naturwissenschaften; den Doktorgrad erlangte er erst 1802. Seebeck war finanziell so gut gestellt, dass er nie zu praktizieren brauchte. Er war der typische Privatgelehrte des ausgehenden 18. Jahrhunderts. Er übersiedelte nach Jena, wo er Schelling und Hegel kennen lernte, vor allem aber Goethe, den er häufig in Weimar besuchte. 1810 zog er nach Bayreuth (seine Frau stammte von dort), wo er im selben Haus wohnte wie Jean Paul; eine Zeit lang lebte und forschte er in Nürnberg. 1812 wurde Seebeck korrespondierendes, 1818 ordentliches Mitglied der Berliner Akademie der Wissenschaften. Er zog nach Berlin, wo er 1831 starb, wenige Monate vor Goethe, an dessen Farbenlehre er großen Anteil genommen hatte. Der Physiker Poggendorff bemerkte in seiner Grabrede etwas säuerlich, er sei zwar »von Freunden und Gelehrten hoch ge-

Der Physiker Thomas Johann Seebeck wurde am 9. April 1770 in Reval/Estland geboren. Er studierte Medizin in Berlin und Göttingen, widmete sich aber sein ganzes Leben über der Naturforschung. Seebeck war mit Goethe befreundet und entdeckte die »entoptischen Figuren« in gespannten Gläsern. Heute noch ist er als Entdecker des »Seebeck-Effektes« bekannt – den er allerdings zeit seines Lebens falsch interpretierte. Er starb am 10. Dezember 1831 in Berlin.

schätzt worden, hat aber im weiten Publikum nie jene Berühmtheit genossen, zu welcher Lehramt und Schriftstellerei, zwei von ihm nicht betretene Wege, bisweilen nur allzu wohlfeil verhelfen.« Armer Seebeck.

1808 hatte Malus die Polarisation des Lichtes entdeckt, 1813 gelang es Seebeck, in (mit Schraubzwinge) gespanntem Glas und polarisiertem Licht die so genannten entoptischen Figuren zu sehen: Optisch einfach brechende Medien wie Glas werden unter mechanischer Spannung doppelbrechend, ebenso, wenn Gläser einseitig abgekühlt werden. Wenn im polarisierten Licht solche »entoptischen« Figuren im Glas auftauchen, stehen sie unter Spannung. Aha.

Die Sache mit diesen Spannungsfiguren ist typisch für die Physik des frühen 19. Jahrhunderts: Ein Phänomen wird entdeckt, beschrieben und lateinisch-griechisch benannt, aber nicht erklärt. Das kommt alles später. Die Naturerkenntnis steht im Vordergrund, nicht Mathematisierung und Einbindung in Theoriegebäude. Der Pariser Akademie war die Entdeckung 1816 ein Preisgeld von 3000 Franc wert. 1822 entdeckte Seebeck dann den thermoelektrischen Effekt, in der Sprache der Zeit zeigte er der Berliner Akademie an, »dass heterogene Metalle, namentlich Wismut und Antimon, für sich ohne alle Feuchtigkeit, zum Kreise geschlossen, bloß vermöge einer Temperaturdifferenz an den Berührungsstellen magnetische Eigenschaften erlangen.« Magnetische Eigenschaften also: Der Ausdruck ist dem Analyseinstrument geschuldet. In der Nähe des Versuchsaufbaus wurde eine empfindliche Magnetnadel abgelenkt, da war also etwas passiert. Und wie sieht er aus, der Versuchsaufbau? Denkbar einfach; wir wählen eine moderne, stilisierte Schemazeichnung ohne barocke Details wie Schrauben und Halterungen.

A ist ein Draht, B ist ein Draht. Beide aus *unterschiedlichem* Material, das ist der Knackpunkt. An den Stellen T_1 und T_2 sind sie zusammengelötet. Versuch: Die Lötstelle T_1 wird erhitzt, T_2 abgekühlt. Dann entsteht zwischen den Punkten 3 und 4 eine elektrische Spannung. Wenn man dort einen Verbraucher dazwischenschaltet, zum Beispiel eine kleine Glühlampe, dann fließt ein elektrischer Strom. Was heißt »erhitzen«, was »abkühlen«? Was Sie wollen. Erhitzen darf man T_1 mit einer heißen Stirn, einer Gasflamme, gebündelten Sonnenstrahlen oder einer Atombatterie, die andere Seite T_2 lässt

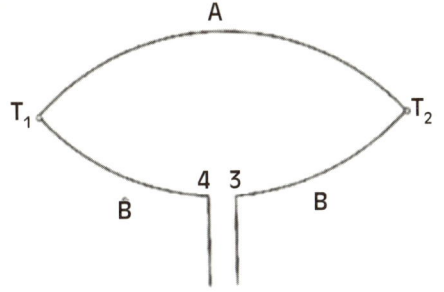

Das Schema eines Thermoelements: A und B sind Drähte aus unterschiedlichem Material, die Lötstellen auf unterschiedlichen Temperaturen T_1 und T_2. Ergebnis: elektrische Spannung zwischen den Punkten 3 und 4.

sich abkühlen mit kalter Luft, einem Gebirgsbach oder einem Stück Blech, das vom Satelliten in den dunklen Weltraum hinausragt. Wo die Wärme herkommt und wo sie hinfließt, ist ganz unerheblich. Für den Effekt ist der *Temperaturunterschied* der beiden Lötstellen von Bedeutung – und das Material der Drähte A und B. Je heißer die eine Lötstelle und je kälter die andere, desto mehr Spannung. Außerdem erzeugen manche Leiterpaare mehr Spannung als andere. Es handelt sich beim Seebeck-Effekt um eine Methode *direkter Energieumwandlung.* Aus Wärme wird elektrischer Strom. Ohne Umweg über Dampferzeuger und Turbinen. Eine feine Sache, einfach und billig. Bis der Effekt aber technisch genutzt wurde, sind fast hundert Jahre vergangen. Warum?

Seebeck weiß noch nichts von Elektronen. Über elektrischen Strom steht im Titel seiner Arbeit kein Wort. »Magnetische Eigenschaften«, liest man dort. Das war ihm wichtig, das hielt er für bedeutend. Erst zwei Jahre zuvor hatte der Däne Hans Christian Oerstedt entdeckt, dass eine Magnetnadel abgelenkt wird, wenn man durch einen nahe vorbeiführenden Draht einen Strom schickt. Man nennt das die Entdeckung des Elektromagnetismus: Stromführende Drähte sind von magnetischen Kraftlinien umgeben. Eine Kompassnadel stellt sich immer entlang dieser Kraftlinien ein. So kann man feststellen, ob in einem Draht Strom fließt, ohne ihn anzubohren, abzuschneiden oder sonst wie zu malträtieren, ja ohne ihn überhaupt zu berühren. Man muss nur eine Magnetnadel in die Nähe halten und zusehen, ob sie abgelenkt wird.

Seebecks Zeitgenossen interpretierten seine Entdeckung genauso: Wenn eine Magnetnadel abgelenkt wird, fließt in der Seebeck-Apparatur ein Strom. Seebeck war praktisch der Einzige, der das nicht so sah. Er hielt nichts vom Zusammenhang zwischen Strom und Magnetismus. Magnetismus war für ihn eine eigenständige Kraft. Und deren Entstehung hatte er höchstselbst entdeckt, jawohl: durch Temperaturunterschiede. Denn, nicht wahr, wo kommt denn der Magnetismus in der Natur vor? Richtig, im Magnetfeld der Erde. Nordpol und Südpol. Und was ist es an den Polen? Richtig, saukalt. Und am Äquator? Richtig, ziemlich heiß! Und was entsteht also zwischen heiß und kalt? Richtig, Magnetismus!

Das ist natürlich Unsinn, der Erdmagnetismus entsteht durch die Rotation des heißen Erdkerns und kommt nicht von der Sonne. Aber *natürlich*, wie eben behauptet, ist diese Erkenntnis nicht, sondern Frucht von fast zweihundert Jahren geowissenschaftlicher Forschung, für Seebeck alles noch in der Zukunft. 1822 ist nicht nur kein Südpol betreten, kein Mensch ist auch nur in seine Nähe gekommen; es ist nicht einmal klar, ob es überhaupt einen antarktischen Kontinent gibt, den schon Ptolemäus postuliert hatte. 1819 hatte Bellinghausen ein paar Inseln entdeckt, sonst schien es am Süden de der Erde nur eine Menge sehr kaltes Wasser zu geben, sonst nichts. Noch 1837 konnte Edgar Allan Poe im »Arthur Gordon Pym« eine *warme* Antarktis erfinden, die uns heute genauso absurd vorkommt wie der tropische Dschungel unter der dichten Wolkendecke der Venus, der die Fantasie der Science-Fiction bis zu den ersten Venussonden beflügelt hat, die dann freilich eine lebensfeindliche Gluthölle diagnostizierten.

Es gab natürlich wissenschaftlichen Streit über Seebecks Entdeckung. Er ist skurril, weil ausgerechnet der Entdecker den Effekt falsch interpretierte. Als einziger.

Aber die Skurrilität geht noch viel weiter und sollte die Entwicklung der Technik im 19. Jahrhundert beeinflussen. *Verzögern.* Im Bestreben, seine Kritiker zu widerlegen, untersuchte Seebeck in seiner Versuchsanordnung eine Riesenzahl von Substanzpaaren, nicht nur Metalle, sondern auch Metalloxide und Minerale. Darunter waren auch solche, die man heute als Halbleiter bezeichnen würde. Bei denen ist der Seebeck-Effekt etwa zehnmal größer als bei Metallen, liefert also auch zehnmal mehr Strom – aber an Strom war Seebeck ja nicht interessiert. Als man über hundert Jahre später Seebecks Untersuchungen wiederholte, stellte sich heraus, dass Seebeck *in der Lage gewesen wäre*, mit manchen seiner Kombinationen mit einem Wirkungsgrad von 3 Prozent Wärme in elektrische Energie zu verwandeln. Genauso groß war der *mechanische* Wirkungsgrad der Dampfmaschinen seiner Zeit – und *dabei* war von Elektrizität keine Rede, es ging nur um die Umwandlung von Wärme in mechanische Energie, Bewegungsenergie bei der Dampflok. Wer zu Seebecks Zeiten elektrischen Strom von wenigstens bescheidener Stärke erzeugen wollte, musste eine »Voltasche Säule« benutzen, die erste »Batterie«, erfunden im Jahre 1800 vom italienischen Grafen Allessandro Volta. Das war ein Turm aus Zink- und Kupferscheiben, im Wechsel aufeinander geschichtet und durch säuregetränkte Filzdeckel isoliert. Erst um die Mitte des 19. Jahrhunderts gab es Dynamomaschinen, die so viel Strom erzeugten, dass man allmählich daran denken konnte, ihn auch außerhalb des Labors zu verwenden.

Der Irrtum Seebecks hatte weitreichende Folgen. »Weitreichend« meine ich hier nicht im sonst üblichen *positiven*, sondern im *negativen* Sinn. »Positiv« und »negativ« sollen hier nicht als ethische Wertungen verstanden werden, sondern als Angaben, ob »historische« Wirkungen von einer Sache ausgehen oder nicht. Die Erfindung der Dampfmaschine durch James Watt war *positiv* weitreichend; seine Erfindung war die Kraftmaschine des beginnenden Industriezeitalters. Das ist trivial. Wir neigen dazu, Erfindungen überhaupt in zwei Gruppen einzuteilen: die einen sind »weitreichend«, verändern die Zukunft (Dampfmaschine, Computer) – alle anderen sind entweder irgendein skurriler Blödsinn (Rettungshose für Schiffbrüchige) oder brauchbar, aber nicht unbedingt nötig für die Aufrechterhaltung der Kultur, »wie wir sie kennen«. Dahinein würde etwa der Kugelschreiber passen. Er ist nützlich, aber zweifellos wäre nicht das Abendland in Gefahr, wenn man ihn nie erfunden hätte und alle Welt immer noch mit Bleistift schriebe. Und der Seebeck-Generator? Der passt nicht in das primitive Schema. Seebeck hatte sich durch seinen Starrsinn in der wissenschaftlichen Gemeinde isoliert. Dort zählte Konsens eben schon mehr als der Umstand, dass man Goethe persönlich kannte. Der russische Forscher Joffé schreibt, Seebeck habe »in seinem erfolglosen Kampf gegen den elektrischen Strom sich und andere entmutigt, seinen thermoelektrischen Effekt als Stromquelle zu nutzen.« Vielleicht hatte sich auch die berüchtigte Kluft zwischen Geistes- und Naturwissenschaften schon aufgetan – und Seebeck war ohne Absicht auf die »andere Seite« geraten. Er hat seine Entdeckung in zwei Veröffentlichungen publiziert, einige weitere aber nur in der Berliner Akademie gelesen, nicht drucken lassen. Der Seebeck-Effekt war ein vom Entdecker gründlichst beackertes Feld, was andere Forscher abgestoßen haben mag, sich damit zu befassen. So gerät er allmählich zur Fußnote der Physik des 19. Jahrhunderts. Von Stromerzeugungen im technischen Sinne ist nicht mehr die Rede.

Der Seebeck-Generator ist eine Erfindung mit weitreichenden Folgen im historisch *negativen* Sinn. Sie wurde gemacht, aber nicht genutzt. Dadurch ist vieles *unterblieben*, was im anderen Fall geschehen wäre: eine Entwicklung der Technik unter dem Paradigma direkter Energieumwandlung. Das alles ist historische Spekulation, also Beantwortung der Frage: »Was wäre gewesen, wenn …?« Die Frage ist in Deutschland verpönt und in die Subkultur der Science-Fiction abgedrängt. Ernsthafte Historiker befassen sich nicht mit Spekulationen dieser Art. Die Angelsachsen haben weniger Berührungsängste (immerhin gibt es von Winston Churchill eine Abhandlung über die möglichen Folgen eines Sieges der spanischen Armada im Jahre 1588).

Die Folgen einer »Seebeck-Epoche« der Stromerzeugung im 19. Jahrhundert sind schwer abschätzbar. So viel ist vielleicht zulässig: Beim Seebeck-Effekt entsteht Gleichstrom, wir aber leben in einer Wechselstromkultur; der Wechselstrom stammt aus riesigen Generatoren, die von Dampfturbinen angetrieben werden, die umso besser funktionieren, je größer sie sind. Die Konzentration der Bereitstellung der Energie in großen Dampfkraftwerken liegt schon in der Dampftechnik. Beim Seebeck-Effekt ist das nicht in derselben Weise gegeben. Er hätte sich *wahrscheinlich* eher für kleine Einheiten und dezentrale Bereitstellung geeignet. Im Nebel des historisch Möglichen zeichnen sich zwei alternative, technische Kulturen ab: auf der einen Seite Wechselstrom aus großen Einheiten, auf Hochspannung transformiert (weil er mit möglichst geringen Verlusten über große Entfernungen geleitet werden muss), entsprechend große Verwaltungseinheiten der Energieerzeugung, »Energieriesen«. Starre Bindung an einen Primärenergieträger (Kohle, Öl, Atom). Diesen Zweig haben wir verwirklicht. Auf der anderen Seite Gleichstrom mit relativ niedriger Spannung, erzeugt auf Haus- oder Stadtteilniveau, völlig dezentral in Einheiten vom »Ofentyp«. Energieriesen gibt es keine, dafür eine breite Palette möglicher Primärenergieträger mit früher Einbindung von Biomasse und Sonne. Das wäre der nicht verwirklichte »Seebeck-Weg«.

Ein wichtiger Unterschied betrifft die Speicherung des Stroms. In der realen Welt ist das ein Nebenthema. Strom kommt aus der Steckdose, weil eben immer irgendwo ein Kraftwerk läuft. Wenn alle Rheinländer in der Morgenfrühe ihre Kaffeemaschinen und Toaster einschalten, lässt man aus aufgestauten Alpenseen Wassermassen auf die Turbinen stürzen, alles kein Problem, dazu haben wir in Deutschland ja mehrere hunderttausend Hochspannungsmasten. In der Seebeck-»Parallelwelt« hätte man sich viel mehr und viel früher mit der Weiterentwicklung des Stromspeichers, des »Akkumulators« beschäftigt; Stromerzeugung und -speicherung hätte sich – vielleicht! – in Richtung einer »Hausanlage« entwickelt wie die Heizung, die Satellitenschüssel und der Zentralstaubsauger, wir würden den Strom selber herstellen, wie wir unsere Mixgetränke und Mahlzeiten selber herstellen, Stromerzeugung im Consumerbereich, die Anlagen auch im Versandhandel zu beziehen. Alles Niederspannungsanlagen, es gäbe kaum tödliche Unfälle. Dafür würde es häufiger brennen ... damit wollen wir die Spekulation beenden.

Es ist eben nicht so gekommen, sondern anders. Zentralisierung über Dampf. Und noch sind wir nicht am Ende auf diesem Weg. Am bisher vorstellbaren Ende steht das Fusionskraftwerk, der Endsieg über den Energiemangel, ein Phantom, dem die Techniker seit fünfzig Jahren nachjagen und dabei Milliarden und Abermilliarden verbrennen – ein Kraftwerk, von dem man nicht weiß, ob es je gebaut wird, wohl aber, dass man in ganz Europa nur zwei davon brauchen wird, wenn es wirtschaftlich betrieben werden soll, eins oder zwei ... wirklich *gewaltige* Anlagen mit kathedralengroßen

Elektromagneten für das Plasma, nicht wie diese vielen popligen Atomkraft-werke, wie Aknepickel auf der Landkarte Europas, mit diesem ganzen wider-lichen Dreck, sondern *rein* (ziemlich), *rein und wahrhaft groß*. – Und in den beiden Orten, die es sich werden hinbauen lassen, gibt es dann wahrhaft fan-tastische Gewerbesteuereinnahmen ...

Der Seebeckeffekt, schreibt Joffé, fiel in einen hundertjährigen Dorn-röschenschlaf, der 1834 kurz durch die Entdeckung des französischen Uhr-machers Jean Charles Athanase Peltier unterbrochen wurde. Er entdeckte, dass er die ganze Sache umdrehen konnte. Wenn er durch eine Seebeck-Ap-paratur elektrischen Strom schickte, wurde die eine Lötstelle heiß, die ande-re kühlte sich ab. Man nennt dies bis heute den Peltiereffekt. Er führt kein so verborgenes Dasein wie der Seebeck-Effekt. Mit Peltier kommt auch der Normalbürger in Kontakt. Immer, wenn es Sommer wird, erscheinen in den Baumärkten Kühlboxen, in denen »völlig lautlos« das Bier fürs Picknick ge-kühlt werden kann. Mit dem Strom der Autobatterie. Auch in elektronischen Geräten gibt es Peltierkühlung.

Zurück zu Seebeck:

Der Effekt mit Metallpaaren ist außerordentlich bescheiden. Beim von Seebeck selber angegebenen Paar Antimon-Wismut entsteht pro Grad Tem-peraturunterschied eine Spannung von wenigen *Mikrovolt,* Millionstel Volt. Um auch nur ein Volt Spannung zu bekommen, müsste man Hunderttau-sende solcher Zellen hintereinander schalten. Äußerst unpraktisch. Bei einer Verbindung von Kupfer und Konstantan, einer Kupfer-Nickel-Legierung er-reicht man immerhin 40 Mikrovolt pro Grad. Der Wirkungsgrad liegt bei diesem Thermoelement in der Gegend von 0,2 Prozent, für die Energieer-zeugung nicht eben berauschend, auch wenn die eingesetzte Wärme gratis von der Sonne kommt. Man braucht sich hier nicht auf die Subtilitäten der Festkörperphysik einzulassen. Wesentlich ist, dass für die Praxis eines mög-lichen Stromgenerators nicht nur der Seebeck-Effekt eine Rolle spielt, son-dern noch andere Effekte, die alle mit entsprechenden Materialkonstanten verbunden sind. So leiten Metalle bekanntlich die Wärme gut, ebenso den elektrischen Strom. Über Letzteres freut sich der Techniker, will er den er-zeugten Strom doch möglichst verlustfrei aus dem Apparat herausbringen.

»Verlust« bei der Stromleitung heißt einfach die Produktion von unerwünschter Wärme, benannt nach dem schottischen Brauereibesitzer Joule, der als Erster das Äquivalent von Wärme und mechanischer Arbeit bestimmt hat. Diese »Joulesche« Wärme ist manchmal auch erwünscht, man erzeugt sie absichtlich, z. B. in der Elektroheizung; beim Seebeck-Generator ist sie ein Verlustfaktor. Die Drähte sollen also den *Strom* gut leiten. Andererseits sollen sie die *Wärme* schlecht leiten. Die Wärmeenergie, die von der heißen Verbindungsstelle einfach zur kalten wandert wie von der glühenden Spitze des Schürhakens in den Griff – diese Wärme ist für den Prozess verloren. Die Wärme soll nicht einfach von heiß nach kalt fließen, sondern sich zum möglichst großen Teil in elektrischen Strom umwandeln. Fatalerweise zeigen Metalle mit guter *elektrischer* auch eine gute *thermische* Leitfähigkeit – die Forderungen, die man an den Seebeck-Generator stellt, schließen sich gegenseitig aus. Zu allem Überfluss ist der Seebeck-Effekt, die »Thermokraft«, auch noch umso stärker, je kleiner die elektrische Leitfähigkeit ist.

Wie kommt der Effekt überhaupt zustande?

Die Träger der Elektrizität sind die Elektronen. In einem Metall sind sie nicht fest an die Atome gebunden, sondern schweifen zwischen den Metallatomen, die ein festes Gitter bilden, relativ frei umher, man nennt das auch »Elektronengas«. Führt man auf irgendeine Art Energie zu, kann man sogar Elektronen herausschlagen. Die Energien der Elektronen im Metall sind verschieden – sie besetzen ein so genanntes »Leitungsband«, eine dichte Reihe sehr vieler, nahe übereinander liegender Energieniveaus. Die Leitungsbänder sind unterschiedlich breit und liegen auf der Energieskala unterschiedlich hoch. Beim höher liegenden Leitungsband sind die Elektronen im Mittel energiereicher, beim niedrigeren Leitungsband energieärmer. Solange die Metallstücke voneinander getrennt herumliegen, passiert nichts Besonderes. Die Elektronen fuhrwerken »frei« in den Drähten herum, besetzen das jeweilige Leitungsband, alles geht seinen sozialistischen Gang.

Wenn man nun aber die beiden Metalle zusammenbringt (-lötet), setzt sich ein Grundprinzip der Natur durch, immer und überall den Zustand der geringsten Energie anzunehmen. Das energetisch höher liegende Leitungsband rutscht nach unten, sodass die Obergrenzen auf demselben Niveau liegen. Einfach dadurch, dass eine gewisse Anzahl Elektronen vom Metall mit dem höheren Leitungsband zum anderen Metall mit dem niedrigeren Leitungsband hinüberwechselt. Die Gesamtenergie ist jetzt niedriger, aber die Ladungen sind nicht mehr ausgeglichen: das eine Metall hat ja nun Elektronen zu wenig, das andere zu viel. Das eine Metall ist ein bisschen positiv, das andere ein bisschen negativ geworden. Zwischen beiden Metallen existiert nun eine so genannte *Kontaktspannung*, die schon Allessandro Volta gemessen hat, sie heißt deshalb auch *Voltaspannung*. Und sie hängt von der Temperatur ab. Schaltet man zwei solcher »Kontakte« hintereinander, heizt den einen und kühlt den anderen, sind die jeweiligen Kontaktspannungen unterschiedlich, und man misst als Differenz eben die *Thermospannung* des *Thermoelements* (zwischen den Punkten 3 und 4 in der Abbildung auf S. 101).

Diese Erkenntnisse wurden erst Jahrzehnte nach der Entdeckung der Thermoelektrizität gewonnen. Bis dahin verwendete man den Effekt zum Temperaturmessen: Je größer die Temperaturdifferenz, desto größer die Thermospannung; wenn ich das System eiche, erhalte ich ein »elektrisches« Thermometer, z. B. ein Fieberthermometer, das die Köpertemperatur viel bequemer messen lässt als ein Glasthermometer mit Quecksilberfüllung.

Wenn die Entdeckung Peltiers die erste Störung des Dornröschenschlafs war, so erfolgte die zweite in den fünfziger Jahren des 20. Jahrhunderts. Der Prinz hieß diesmal »Halbleiter«. Halbleiter sind Stoffe, die bei niedriger Temperatur den elektrischen Strom nicht leiten, bei höherer aber schon. Der Seebeck-Effekt ist bei Halbleitern bedeutend größer als bei Metallen und folgt auch etwas anderen Prinzipien, die wir hier nicht zu erörtern brauchen. Wesentlich ist, dass selbst bei Temperaturunterschieden von Hunderten Grad zwischen heißer und kalter Lötstelle die Spannung immer noch im Zehntelvoltbereich liegt – aber das reicht. Halbleiter ändern ihre physikalischen Eigenschaften dramatisch, wenn man sie »dotiert«, das heißt, Fremdatome in ihr Kristallgitter einbaut. Solche Fremdatome haben entweder Überschusselektronen, die sie leicht abgeben und dem Stromtransport zur Verfügung stellen – oder es fehlen ihnen Elektronen, die sie aus dem Halbleiter aufnehmen, dadurch entstehen »Löcher« – fehlende Elektronen. Diese Löcher wandern aber als positive Ladungsträger ebenso leicht wie

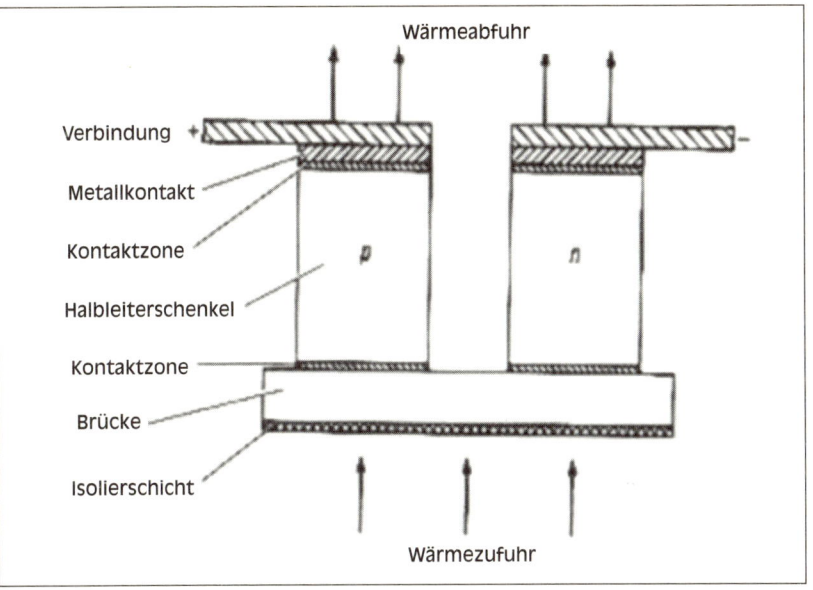

Verbindung
Metallkontakt
Kontaktzone
Halbleiterschenkel
Kontaktzone
Brücke
Isolierschicht

Wärmeabfuhr

p   n

Wärmezufuhr

Der Thermogenerator, ein Stromerzeuger ohne bewegte Teile. Unten wird Wärme zugeführt, oben wird gekühlt, links und rechts Strom abgenommen.

die Elektronen selber. Besonders gut funktioniert die Stromerzeugung, wenn man Überschusshalbleiter (n-Typ) und »Löcher«-Halbleiter (p-Typ) kombiniert. Aus den Drähten A und B in der vorderen Abbildung werden so die mit »n« und »p« bezeichneten Halbleiterschenkel in der Abbildung auf dieser Seite. Am besten funktioniert der Seebeckeffekt, wenn etwa 10^{19} Ladungsträger (Elektronen oder »Löcher«) pro Kubikzentimeter im Material vorhanden sind. Durch Dotierung mit Fremdatomen lässt sich das erreichen.

In der Praxis wird die heiße untere Seite von einer Flamme oder der Sonne beheizt, an der kalten oberen Seite wird die Wärme wieder abgeführt (durch Kühlbleche oder Rohre mit Kühlwasser). Im Wesentlichen besteht ein Thermoelement also aus einer heißen und einer kalten Keramikplatte in geringem Abstand, die »Schenkel« sind nur wenige Millimeter lang.

Welche Energien liefert nun so ein Seebeck-Generator? Bescheidene. Wenn die kalte Seite auf Raumtemperatur gehalten wird, die heiße auf ca. 500 Grad, liegt der theoretische Wirkungsgrad bei 10 Prozent, das heißt, ein Zehntel der zugeführten Wärme wird in Strom umgewandelt, der große Rest muss weggekühlt werden. In der Praxis erreichen Generatoren, die man heute für Spezialzwecke kaufen kann, nach Firmenangaben 4 Prozent. Der Seebeck-Generator – zu Recht in kleine Nischen abgedrängt?

Die lächerlichen 4 Prozent machen nun doch einen Exkurs über den Wirkungsgrad nötig. Fein wären natürlich 100 Prozent – alle Wärme wird in Strom umgewandelt. Das ist leider unmöglich, in der Praxis sowieso, aber auch in der Theorie. Der Franzose Sadi Carnot hat sich 1824 einen nach ihm benannten Kreisprozess ausgedacht, wobei einem Gas Wärme zugeführt wird. Es dehnt sich aus und bewegt einen Kolben, leistet also Arbeit – erst bei konstanter Temperatur, dann in einem zweiten Schritt unter Abkühlung. Im dritten Schritt wird am Gas Arbeit verrichtet (der Kolben hineingedrückt), wieder erst bei konstanter (aber niedrigerer!) Temperatur, dann unter Erwärmung. Am Schluss hat das Gas wieder den Ausgangszustand erreicht – wenn ich aber die aufgewendete von der geleisteten Arbeit abziehe, bleibt ein Überschuss an geleisteter Arbeit. Der Carnotsche Kreisprozess kommt im Lehrbuch recht umständlich mit reichem Formelreigen daher; am Schluss kürzt sich allerhand heraus und liefert das überraschende, schon nicht mehr erhoffte Ergebnis, dass von einer heißen zu einer kalten Seite Wärme geflossen ist – und ein Teil davon in mechanische Arbeit umgewandelt wurde. Ein wie großer Teil? Der Faktor eben ist der *Wirkungsgrad* und hängt nur von den Temperaturen der heißen und der kalten Seite ab: *Temperaturunterschied geteilt durch die hohe Temperatur.* Gemessen in Kelvin, nicht in Celsiusgraden. (Die Abstände sind genau gleich groß, nur die Zahl ist um 273 größer – 0 Grad Celsius gleich 273 Kelvin.) Also:

Niedrige Temperatur: 300 Kelvin (schöner Frühsommertag)
Hohe Temperatur: 500 Kelvin (heißer Sonnenkollektor)
Unterschied: 200 Kelvin
Wirkungsgrad: 200/500 = 0,4 oder 40 Prozent

Äußerst simpel. 40 Prozent hört sich nicht nach viel an, es bedeutet ja, dass 60 Prozent der Wärme ungenutzt verloren gehen. »Abwärme«. Kann man das nicht verbessern?

Nein!

Carnot konnte nämlich nachweisen, dass der Wirkungsgrad seines Prozesses der *höchste überhaupt mögliche* ist. Also einer, der in der Praxis, mit einer Maschine aus Eisenblech, Schmieröl und Schrauben, gar nicht erreicht wird.

Es ist kein Kreisprozess möglich, der einen höheren Wirkungsgrad aufwiese als der von Carnot.

Es ist dies eine Fassung des so genannten »Zweiten Hauptsatzes der Thermodynamik« – die Lehrbuchautoren, die ja nüchterne Physiker sind, wissen an dieser Stelle oft nicht, wie sie so formulieren sollen, dass auch wirklich jeder merkt, wie *unabänderlich* dieser Satz ist, berührt er doch metaphysische Bereiche; in »ehernen Lettern« thront und dräut dieser Satz über dem Gebäude der Wissenschaften. Es gibt davon keine Ausnahmen, er gilt von Ewigkeit zu Ewigkeit … so etwa müssen Sie sich das vorstellen.

Sie kriegen natürlich mehr raus als die mickrigen 40 Prozent, wenn Sie die »hohe« Temperatur noch höher schrauben. Das ist der Grund, warum man die Dampftemperatur in Kraftwerken so hoch macht, wie es die Turbinenschaufeln eben noch aushalten.

Wer also vom Wirkungsgrad einer Maschine spricht, die Wärme in Kraft (elektrischen Strom) umwandelt, sollte fairerweise auch die beiden Temperaturen nennen, zwischen denen sich das Ganze abspielt. Der Carnot-Wirkungsgrad für das Paar 200/500 liegt bei 40 Prozent. Es gibt aber auf der Welt keine wie auch immer aufgebaute Maschine, die diese 40 Prozent erreichen würde – reale Maschinen haben immer Verluste, die ihren Wirkungsgrad drücken. So gesehen sind die absoluten 4 Prozent unseres Seebeck-Generators doch gar nicht so schlecht, oder? Denn die 4 Prozent sind (4 durch 40 = 0,10) *10 Prozent von dem, was überhaupt möglich ist.*

Dennoch: In der Abrechnung sind 4 Prozent eben 4 Prozent, da beisst die Maus keinen Faden ab. 4 Prozent von der eingesetzten Wärme werden in Strom umgewandelt, nicht mehr. Der Rest ist Abwärme (die unter Umständen immer noch Badewasser heiß machen könnte oder so was). Eine Riesen-verschwendung? Nur dann, wenn man die eingesetzte Wärme *bezahlen* müsste. Wenn sie gratis war, von der Sonne geliefert, gehen uns die 4 Prozent komplett ... hinten vorbei. Dann spielen andere Kostenfaktoren eine Rolle: Anschaffungspreis und Unterhaltskosten. Besonders Letztere führt Joffé schon 1958 als Vorteil des thermoelektrischen Generators an. Der hat eine Heizvorrichtung, einen Kühler, keine bewegten Teile. Strom fließt, sobald Wärme fließt. Nichts Makroskopisches bewegt sich (muss geschmiert werden, wartet nur darauf, kaputt zu gehen usw.) In den fünfziger Jahren hatte die Thermoelektrik in der UdSSR einen gewissen Aufschwung genommen. Populärstes Entwicklungsergebnis war ein mit Petroleum beheizter Generator, von der Größe einer Lampe. Mit dem Strom konnte ein Radio betrieben werden. Joffé schildert anschaulich den einsamen Sibirier in seiner Hütte mitten in der vereisten Tundra, wie er mit thermoelektrischem Strom aus der Petroleumfunzel Musik und die »Neuigkeiten des Tages« hört. Das Radioprogramm im frühen Poststalinismus mag noch nicht allzu spannend gewesen sein – für »bewegende Briefe solcher Einsiedler«, die im Leningrader Forschungsinstitut eingingen, hat es gereicht. Zehntausende dieser Geräte waren im Einsatz.

Die beste Gratiswärmequelle ist natürlich die Sonne. Der Seebeck-Generator hatte dabei als direkten Konkurrenten das Solarmodul, das Strom aus Sonnenlicht machte und macht. Der Physiker Justi wundert sich um 1980, dass die thermoelektrische Forschung stagniert, »nur weil sie ihre theoretisch möglichen Ziele etwa erreicht hat. Zur Verstromung niedertemperierter Wärme von photothermischen Solarkollektoren ist sie durchaus wettbewerbsfähig mit den photovoltaischen Solarzellen«. Die hatten damals schon 14 Prozent Wirkungsgrad, kosteten aber 500.000 DM pro Kilowatt, *mehrere hundert Mal mehr als thermoelektrische Generatoren*. Die Aussage, dass die »Forschung stagniert«, ist wieder eine hübsche Übungsaufgabe für unsere Verschwörungstheoretiker. Tatsache ist, dass nur der hohe Anschaffungspreis die massenweise Verbreitung der Photovoltaik verhindert hat. Der ist in den vergangenen zwanzig Jahren zwar auf rund 7000 Euro pro Kilowatt installierter Leistung gesunken; die Sache braucht aber auch heute

Der tragbare sowjetische Seebeck-Generator aus den fünfziger Jahren wurde mit einer Petroleumflamme betrieben. Er lieferte genug Strom zum Radiohören.

noch erhebliche Anschubfinanzierung (Einspeiseregelung!), wenn sie nicht Bastlerdomäne bleiben soll. Ein solar betriebener thermoelektrischer Generator hätte einen weiteren, oft übersehenen Vorteil gegenüber der Solarzelle: Bei der braucht man, wenn sie nicht aufs Netz arbeitet, einen dicken Akku als Stromspeicher für die Nacht. Akkus sind nicht nur teuer, sondern wegen ihrer unvermeidlichen Selbstentladung auch nicht für saisonale Speicherung geeignet. Der Sommerstrom lässt sich damit nicht in den Winter retten, die Verluste sind zu groß. Die jetzt propagierte Variante des *netzgekoppelten* Solarmoduls hat den Akku aus den Rechnungen verbannt und die Sache halbwegs bezahlbar gemacht. Man kann mit dem Strom natürlich auch Wasser spalten und den entstehenden Wasserstoff aufbewahren. Dazu braucht man einen Elektrolyseur (noch ein teurer Apparat) und Druckbehälter für das Gas.

Schon merkwürdig: Jeder bisher kolportierte Vorschlag, die Sonnenenergie *für jeden* und *einzeln* und *als elektrische Energie* verfügbar zu machen, ist abschreckend teuer. Alle drei Punkte sind wichtig:

1. *Für jeden:* Biomasse ist eine ideale Speicherform, aber dazu brauche ich Wald oder Feld – nichts *für jeden.*

2. *Einzeln:* Eine Photovoltaikanlage, die aufs Netz arbeitet, ist eine feine Sache – solange sie *darf.* Netzeinspeisung hat mehr mit Politik als Physik zu tun; Einspeiserechte können widerrufen werden – nichts für den *Einzelnen.*

3. *Als elektrische Energie:* Wer darauf verzichtet und nur *Wärme* von der Sonne bezieht, hat wenigstens die Punkte 1 und 2 verwirklicht. Mit seiner eigenen Solaranlage und seinem eigenen Wärmespeicher kann er schalten und walten wie er will und hat warmes Brauchwasser. Eigenen Strom hat er nicht.

Man sieht leicht, dass der Seebeck-Generator alle drei Punkte vereinigen würde: ein thermischer Hochleistungskollektor, z. B. mit Vakuumröhren, erhitzt ein Thermoöl. Denkbar ist auch schwache Konzentration der Sonnenstrahlung durch verspiegelte Wannen. Das heiße Öl wird in einem gut isolierten Tank aufbewahrt. An dem ist der thermoelektrische Generator angebracht. Der »gewollte« Verlust ist der Wärmeabfluss über diesen Generator (durch Heizschlangen). Dabei wird Strom erzeugt. Allerdings erfordert der Generator auf seiner kalten Seite eine effektive Kühlung. Welche Kombinationen von Luft- und Wasserkühlung hier am günstigsten wären, lässt sich nicht aus dem hohlen Bauch heraus entscheiden, erfordert Entwicklungsarbeit, Mannjahre wie alles in der Technik. Das wurde beim Seebeck-Effekt als *Stromversorger* nicht geleistet. *Groß* wäre der Generator nicht, etwa eine DIN-A-4-Seite pro Kilowatt.

Jedenfalls arbeitet ein solares thermoelektrisches System dank Hitzetank auch in der Nacht und bei Schlechtwetter. Wie lange, hängt nur von der Tankgröße und der Dicke der Isolierung ab. Mit steigender Größe des Tanks wird die Verlustbilanz immer günstiger, weil der Inhalt eines Körpers mit der Größe schneller zunimmt als seine Oberfläche. Ab einer bestimmten Größe braucht der Inhalt ein halbes Jahr zum Abkühlen – dann ist aber wieder Sommer und frische Wärme wird vom Kollektor nachgeliefert.

So ein System gibt es nicht zu kaufen. Es wäre mit hoher Wahrscheinlichkeit aber billiger als eine Photovoltaikanlage mit Wasserstofferzeugung. Es würde die Besitzer unabhängig machen von Netzen und Verpflichtungen.

Die Entwicklung ging in eine ganz andere Richtung: Seebeck-Generatoren als Dünnschichtelemente in Gewebe integriert – »smart clothing«. Wärmequelle ist der menschliche Körper, mit dem erzeugten Strom soll der elektronische Schnickschnack betrieben werden, ohne den der Zeitgenosse nicht auszukommen meint. Handys und Ähnliches, im Wesentlichen Geräte zur Kommunikation, zum Austausch von Informationen. Keine *echte* Energiequelle zum Leben.

Das Wort, das als Konzept hinter dem solaren Seebeck-System steckt, heißt »Autarkie«. Es kommt vom altgriechischen Eigenschaftswort »autarkés«, das bedeutet »sich selbst genügend«. Ein ganz böses, ein hässliches Wort; absolut uncool. Denn: Wer redet schließlich noch von Autarkie? Amerikanische Ultrarechte in ihren Stützpunkten in den Rocky Mountains und übrig gebliebene Ökofundis. Autarkie ist wirklich das Letzte – der eigentliche Gegenbegriff der Globalisierung – der autarke Mensch ist *asozial*. Wir machen uns das nicht klar; wenn es so da steht, klingt es übertrieben, abwegig, wir fühlen aber, dass es stimmt. Das Reich des Bösen, das einmal hierhin, einmal dorthin fantasiert wird, liegt nicht auf der Oberfläche des Planeten. Es ist eine Idee. Dort wohnen alle Menschen, die uns am liebsten ins Gesicht sagen würden: *Ich brauche dich nicht.* »Geh mir aus der Sonne«, formuliert Diogenes dem Weltenherrscher Alexander gegenüber, als der vor das Fass tritt; »Ich lieg und besitz: – lasst mich schlafen« gähnt der Drache Fafner im »Siegfried« die Möchtegernweltenherrscher Alberich und Wotan an. Mit diesen Autarken ist es ein Kreuz; es sind rechte Spielverderber.

Frohgemut endet Joffé seinen Artikel im Jahre 1958. Erst zwei, drei Jahre sei es her, dass dieses Feld der Thermoelektrizität sich geöffnet habe. »Lasst uns sehen, was in den nächsten drei bis fünf Jahren noch geschehen wird!« Ja, wir haben schon hingesehen, wir haben gesehen. Zum Beispiel die Kubakrise. Aber keine Spur von einer machtvollen Entfaltung der Thermoelektrizität. Warum wohl?

Das Gift der Autarkie! Wenn der erst Strom machen kann, der Einsiedler in seiner sibirischen Hütte, wer weiß, was ihm noch alles einfällt. Was er machen kann. Selber. Wehret den Anfängen.

Strom wurde dann ganz anders erzeugt. Zentralistisch. West und Ost marschierten im Gleichschritt. Der Osten bis nach Tschernobyl.

Liegt alles in der Vergangenheit. Lasst uns nach vorn schauen, in eine globale Zukunft, angetan mit »smart clothing«, Schwestern und Brüder. Brauchen wir wahrscheinlich, smart clothing, schlaue Klamotten.

Das erste Mal in der Geschichte, dass die Menschen dümmer sind als ihre Hemden.

Kunstsprachen

Die meisten Erfindungen in diesem Buch sind Maschinen im klassischen Sinn: Apparate aus Metall und Holz zur Erreichung bestimmter Zwecke, Hardware sozusagen. Es gibt aber auch nicht-materielle Maschinen, Software-Apparaturen. Künstliche Sprachen gehören dazu. Davon handelt dieses Kapitel.

Wer heute den Ausdruck »Weltsprache« hört, denkt automatisch an Englisch, damit ist das Thema auch schon erledigt; eine Weltsprache ist eine Sprache, die alle Welt spricht, und da gibt's nur eine, eben die englische, und in jenen Gegenden, wo noch kein Englisch verstanden wird, wird sich das in den nächsten Jahren ändern. Globalisierung ist zunächst einmal die Amerikanisierung aller Lebensbereiche.

Wer nach dem Stichwort »Weltsprache« in einem Lexikon vom Beginn des vorigen Jahrhunderts sucht, wird eines anderen belehrt. Ja, die Definition ist wohl dieselbe, der hohe praktische Nutzen einer Universalsprache als Verständigungsmittel aller Völker wird hervorgehoben – aber die »Weltsprache« ist 1906 ein Zukunftsprojekt, heute würde man sagen: pure Science-Fiction. Drei Wege seien möglich, dieses Ziel zu erreichen. Ansatz 1: eine »aprioristische« Sprache, eine auf Grundlage mathematischer Beziehungen zwischen den Lauten »konstruierte« Sprache. Ansatz 2: eine tote oder lebende natürliche Sprache. Ansatz 3: eine künstliche Hilfssprache, die mehr oder minder starke Anleihen bei historischen Sprachen macht und selbstverständlich gegenüber natürlichen Sprachen ungemein »verbessert« ist. Die Linguistik nennt diesen dritten Ansatz auch »posterioristisch«. Eine Sprache, die Ansatz 1 folgt, sei zu schwer zu lernen, meint das Lexikon, Ansatz 2 sei »nahezu ausgeschlossen«, weil tote Sprachen »zu ungefüge«, lebende aber »zu eng mit dem eifersüchtigen Nationalbewusstsein verwachsen sind.« Das ist hübsch gesagt. Dass ausgerechnet Englisch sich als universell einsetzbare Hilfssprache durchsetzen könnte, war jenseits aller Vorstellung.

Bleibt also Ansatz 3. Es müssen Sprachen erfunden werden. Für sprachlich unbegabte Menschen hat die bloße Idee etwas Abartiges, für sprachlich

Begabte hohes Suchtpotenzial. Materielle Maschinen müssen sich den Naturgesetzen fügen. In der Erfindungspraxis bedeutet das zahllose Laborversuche, Probemodelle, Prototypen, ölverschmierte Hände, sogar Unfälle und Explosionen; wer sich das antut, gilt als geistig aberrant – daher kommt der Ausdruck vom »verrückten Erfinder«. Erfinden heißt probieren, heißt Mühe und Plage.

Wer eine immaterielle Maschine erfinden will, eine Verständigungsmaschine, eine Sprache, hat solche Sorgen nicht. Er wird nicht wie Charles Goodyear die Schulbücher seiner Kinder versetzen müssen, um Laborchemikalien zu kaufen (vom Wahn befallen, den Kautschuk zu vulkanisieren, also das zu erfinden, was wir heute Gummi nennen). Der Sprachenerfinder braucht nur Papier, Bleistift und sein großes Gehirn. Es gibt keine Versuchsläufe, keine Rückschläge. Seine Erfindung funktioniert garantiert. *Würde funktionieren*, wenn jemand sie *spräche*. Eine erfundene Sprache kann nicht »stehen bleiben«, »kaputt gehen« oder »verschleißen«. Sie braucht weder Schmierung noch Betriebsstoffe. Sie braucht nur Sprecher. An Kunstsprachen hat es nie gemangelt, nur an den Sprechern. Aber das liegt an der menschlichen Dummheit und Indolenz, gegen die bekanntlich selbst Götter vergebens kämpfen, nicht an der wundervollen, ausgeklügelten Erfindung. Niemand bestreitet das im Grunde, auch nicht die Kritiker der Kunstsprachen. Wenn die Menschen diese Sprachen als Verständigungsmittel verwenden, dann erfüllen sie auch ihren Zweck. Jede Einzelne von ihnen. Niemand hat je gezweifelt, dass all die positiven Effekte einträten, die ihre Erfinder den Kunstsprachen bei weltweiter Verbreitung zugesprochen haben: Handel und Wandel, Verständigung zwischen den Völkern – das *wäre* bei weltweiter Verwendung einer Kunstsprache alles viel leichter.

Aber sie werden nicht verwendet. Im großen Lagerhaus der Dinge des Menschen stehen sie in einem kleinen Raum ganz hinten, eingewickelt in glänzendes Papier. Göttergeschenke. Nicht einmal ausgepackt.

Wir haben hier den paradoxen Fall *a priori gelungener* Erfindungen – die niemand will. Allerdings ist die Kunstsprache als *Weltsprache* ein Kind des 19. Jahrhunderts, die Idee dazu nur wenig älter. Kunstsprachen hat es vorher schon gegeben. Oft handelte es sich um Geheimsprachen, die eine bestimmte soziale Gruppe zur internen Kommunikation verwendete. Man braucht hier nicht nur an das »Argot« zu denken, abfällig als »Gaunersprache« übersetzt. Es gibt auch religiös motivierte und begründete Kunstsprachen. Schamanen bedienen sich bei ihren Zeremonien einer »Geistersprache«, die natürlich von normalen Menschen nicht verstanden wird. Vom schamanischen Gemurmel oder winselnden Gesinge nimmt man von vornherein an, dass es völlig unverständlich ist, für den forschenden Anthropologen sowieso, aber auch für die Stammesmitglieder selbst, sogar für den ausführenden Schamanen im Nicht-Trance-Zustand. Insbesondere der Anthropologe wäre unangenehm berührt, käme sich veralbert vor, wenn er nur ein Wort verstünde. Kauderwelsch ist sozusagen schamanischer Standard. Weniger bekannt ist die Spracherfindung außerhalb religiöser Riten. Viele Sprachen Australiens sind stetem Wandel unterworfen, weil beim Tode eines Stammesangehörigen aus Tabugründen alle Wörter getilgt werden müssen, die an den Namen des Toten erinnern – bei »sprechenden« Eigennamen ein Problem, weil das betreffende Wort nun nicht mehr verwendet werden darf. Es bleibt nichts übrig, als ein neues zu erfinden. Manchmal wurde daraus ein dauerhafter Ersatz.

Ob »Erfindung« bei Pidgin und Kreolensprachen der richtige Begriff ist, soll dahingestellt bleiben; weniger Skrupel wird man bei den Kunstsprachen haben, die von Schizophrenen oder medial veranlagten Personen verwendet wurden. Ein Fräulein Smith (Deckname der Patientin) sprach – und schrieb! – in Genf gegen Ende des 19. Jahrhunderts im Trancezustand die Sprache der Marsianer. Der behandelnde Arzt, ein Dr. Flournoy, hat die sprachlichen Äußerungen aufgezeichnet und analysiert. Syntax und Aussprache waren stark französisch geprägt, was nicht verwundert, denn im Wachzustand sprach Frl. Smith französisch. Auch das Vokabular stammte nicht vom Mars, sondern aus verschiedenen europäischen Sprachen. Dennoch handelte es sich um eine eigene Sprache mit Grammatik und Syntax. Natürlich ist das Wasser auf die Mühlen der prosaischen Zeitgenossen, die glauben, wer eine Sprache erfindet, sei sowieso verrückt. Als verrückt wird man aber kaum jene Malaien bezeichnen können, die für bestimmte Tätigkeiten »Sondersprachen« verwenden, z. B. beim Fang wilder Tauben, beim Fischen und beim

Sammeln von Kampfer. Der normale Wortschatz wird dabei durch einen anderen ersetzt. Man nennt diese Gebilde *pantang* (Tabusprache). Warum man solche Sprachen verwendet? Damit die Wesenheiten (Tiere und Bäume) nicht merken, wenn über sie gesprochen wird. Eigentlich logisch. Damit verwandt sind die echten Geheimsprachen, die meistens bei Initiationsriten verwendet werden. Erwähnt sei die *sigi*-Sprache der afrikanischen Dogon, die durch ihre Masken berühmt geworden sind; erwähnt sei ferner die *Glossolalie*, das »Zungenreden«, am bekanntesten aus dem Neuen Testament, womit wir uns dem europäischen Kulturkreis nähern. Der heilige Pachomius ist einer der Väter des orientalischen, griechisch geprägten Mönchstums. Im vierten Jahrhundert erbaute er nördlich von Theben das erste Kloster, dem bald weitere folgten. Die Sendschreiben an die Vorsteher dieser Klöster verfasste er in einer erfundenen »mystischen« Sprache, die jenen vorbehalten blieb, die sich außerordentliche Verdienste erworben hatten. Pachomius selber bezeichnete die Sprache natürlich nicht als Erfindung, sondern als Eingebung; sie sei ihm von einem Engel offenbart worden. Auch das lateinische Mittelalter kann auf eine Kunstsprache verweisen: Achthundert Jahre nach Pachomius hat Hildegard von Bingen so eine Sprache erfunden, die *Ignota lingua*, also die »unbekannte Sprache«, die sie verwendete, um ihre Visionen aufzuschreiben. Sie umfasst, wie Analysen ergeben haben, kaum neunhundert Wörter, die meisten, was uns wenig wundert, mit deutscher oder lateinischer Wurzel und einer merkwürdigen Häufung der Endung »z«, wie in *Aigouz* – »Gott« oder *isparriz* – »Geist«. Laut Hildegard stammte die Sprache von Gott.

All diesen »Kunstsprachen« ist gemein, dass sie eher aus- als einschließen. Die Kommunikation ist auf eine kleine Gruppe oder sogar eine einzelne Person beschränkt (kein Widerspruch, wenn der unerlässliche Kommunikationspartner in der unsichtbaren Welt beheimatet ist). Diese Sprachen werden nur von wenigen verstanden und *sollen* aus den mannigfaltigsten Gründen auch gar nicht von vielen verstanden werden. An eine »Universalsprache« im heutigen Sinn wurde bis zum Beginn der Neuzeit nicht gedacht. Das war auch nicht nötig. Man hatte eine solche Weltsprache, das Lateinische. Wer im Europa des Mittelalters irgendeine Rolle spielen wollte, musste Latein beherrschen und tat das auch. In aller Regel waren das Geistliche, die sich von Norwegen bis Sizilien wunderbar mit Latein verständigen konnten. Die eine universale Kirche besaß darin eine universale Sprache. Durch die intensive Benutzung durch so viele Zungen so verschiedener Völker hatte das Idiom der Römer allerdings schwer gelitten und sich vom Standard Ciceros erheblich entfernt. Dieser Ansicht waren jedenfalls die Humanisten der Renaissance, die das Latein in seinen ursprünglichen, »reinen« Zustand zurückversetzten. Damit haben sie es umgebracht. Es war jetzt wieder klassisch, aber fürs tägliche Wortgeschäft nicht mehr brauchbar. Latein wurde von einer höchst lebendigen, weit verbreiteten zu einer »toten« Sprache. Der durchschnittliche Bildungsgrad der Sprecher nahm gewaltig zu, ihre Zahl ab. Europa begann in vielen neuen Sprachen zu sprechen, die Europäer verstanden sich nicht mehr. Es fällt auf, dass die sprachliche Partikularisierung mit der politischen einherging. Zwar gab es jetzt eine »Gelehrtenrepublik« mit einem Haufen wirklich kluger Köpfe, die eine Menge Papier mit geschliffenstem Latein beschrieben und sich wortreich über die Niedertracht der Gegenwart, verglichen mit der Klassik, ausließen. In der wirklichen Welt gab es nichts Einheitliches mehr, keinen Kaiser, der supranationalen Führungsanspruch erheben konnte, und auch keine Kirche mit einem solchen Anspruch auf Seelenführerschaft. Nun gab es auch unterschiedlich rasche Entwicklungen und »verspätete Nationen« mit dem ganzen Krampf, der sich Jahrhunderte später daraus ergibt.

Man könnte sagen, schuld an allem sind die Pfarrer. Als Träger der Entwicklung. Zur Zeit Karls des Großen war man entsetzt, dass sie nicht ordentlich Latein konnten. Als sie es endlich konnten und im Alltag verwendeten, entsetzten sich die Humanisten, wie sie es verballhornt hatten. Mönchslatein. Küchenlatein. Da wurde Abhilfe geschaffen. Das Humanistenlatein ist die böseste Verschlimmbesserung der Geistesgeschichte, die Folgen spüren wir bis heute. Wer ideologisch nicht vollständig verblendet war, hat das auch erkannt. Das Fehlen einer allgemein *verbindlichen* und eben *verbindenden* Sprache wurde als Mangel empfunden; umso mehr, je stärker sich Nationalismus und Partikularinteressen ausprägten. Den Höhepunkt erreichte dieses Sehnen nach einer Weltsprache im 19. Jahrhundert.

Wir tun uns leicht, diese Anstrengungen zu belächeln. Wer eine Sprache erfindet, ist sowieso nicht normal; eine »erfundene« Sprache wird den meisten Menschen unter allen unnützen Erfindungen als die unnützeste überhaupt erscheinen. Die Idee der Kunstsprachen nahm einen ersten, vorsichtigen Aufschwung schon im 17. Jahrhundert. Damals lernte man nämlich Sprachen kennen, die mit den europäischen nichts zu tun hatten, Sprache wurde zu einem wissenschaftlichen »Problem«, wert und würdig, untersucht und mit geistvollen Abhandlungen bedacht zu werden. Der Augustinerpater Juan Gonzales de Mendoza schrieb eine solche über das Chinesische, Francis Bacon schlussfolgerte scharfsinnig, die chinesischen Ideogramme wären doch eine brauchbare Methode für eine *Pasigraphie*, eine »Allgemeinschrift«, die von Sprechern verschiedener Sprachen gelesen werden könnte – die Pasigraphie ist die Schriftform einer Kunstsprache und wird in China auch genau zu diesem Zweck verwendet. Eine Verständigung zwischen den stark voneinander abweichenden Dialekten wird sehr erleichtert, wenn man auf die allen gemeinsame Bilderschrift zurückgreifen kann.

Im 17. Jahrhundert wurden verschiedene Systeme erfunden, die zum Teil Schrift-, zum Teil Sprachcharakter hatten. Bei manchen fällt die Unterscheidung schwer. Was soll man zum Beispiel vom Vorschlag des Bischofs von Chester, John Wilkins, halten: Er schuf eine der damals propagierten »philosophischen« Sprachen. Grundlage jeder Sprache sind die »Ideen« hinter den Wörtern. Die Ideen sind überall dieselben, nur die Wörter sind in den vielen einzelnen Sprachen verschieden. Was liegt näher, als ein Wort nach gewissen vernünftigen Regeln von der dahinter stehenden Idee abzuleiten – wenn man das für alle Ideen macht, ergeben sich die Wörter einer allgemein verständlichen Kunstsprache ganz von selbst. Wohlan denn! Zunächst müssen sämtliche Ideen in vierzig »Gattungen« eingeteilt werden, jede Gattung dann in »Differenzen«, die Differenzen dann wieder in »Arten«. Zwei Buchstaben kennzeichnen die Gattung, die Differenz wird in Form eines Konsonanten angehängt (davon gibt es neun Stück), die Artbezeichnung folgt als abschließender Vokal (ebenfalls neun, außer a, e, i, o, u das griechische alpha, y, yi und yu). So bezeichnet *de* die Gattung »Element«, *deb* die erste Differenz in dieser Gattung: »Feuer«. *Deba* schließlich die erste

Art der Gattung: »Flamme«. Völlig logisch. Das System erinnert an das »natürliche« System, das Carl v. Linné bei den Pflanzen und Tieren eingeführt hat – Bischof Wilkins spricht sogar von der »echten und natürlichen Bedeutung der Wörter«. Wilkins stand mit seinem Versuch nicht allein. Allen gemeinsam ist eine gewisse »adamitische« Nomenklaturbegeisterung – wie der erste Mensch sahen sich die Erfinder philosophischer Sprachsysteme in die Lage versetzt, den Dingen ihre »natürlichen« Namen zu verleihen. Wer diese Sachen zum ersten Mal liest, fragt sich unwillkürlich, ob das alles ernst gemeint oder nicht ein grandioser Witz ist. Die Vorstellung, Dinge könnten einen »natürlichen« Namen haben, ist unserer Zeit so fern, dass wir einen zweifelnden Blick auf jenes Jahrhundert werfen, das wir bisher als halbwegs »normal«, also modern eingeschätzt hatten. Galilei hat da gelebt, Newton ... die hatten schon alle so richtige Ideen über die Natur, die Aufklärung wirft – natürlich nicht ihre Schatten, sondern gewissermaßen ihre Strahlen voraus, und dann das ... und was ist mit Linné? Der hat hundert Jahre später die Namen der Naturdinge aus ihren sichtbaren, also intersubjektiv prüfbaren Merkmalen abgeleitet. Jeder, der die Systematik erlernt, kann die Namengebung nachvollziehen. Dass die Honigbiene zum Beispiel *apis mellifica* heißt – »honigmachende Biene«, liegt im prüfbaren Sachverhalt. Das Tier macht wirklich Honig. Wieso *deba* bei Wilkins für die »Flamme« stehen soll, beruht auf reiner Willkür des Erfinders – genauso wie alle ähnlichen Systeme.

Also schön, könnte man einwenden, die Sache mit der natürlichen Bedeutung ist halt so eine barocke Überspanntheit, lassen wir das mal beiseite: ist das Ganze aber nicht doch brauchbar, einfach so, als Kunstsprache zur allgemeinen Verständigung? Natürlich ist diese Sprache geeignet! Sie brauchen Sie bloß noch zu lernen. Das heißt, Sie müssen sich die Wörter merken. Die erinnern an nichts aus anderen Sprachen bekanntes, obwohl diese anderen Sprachen nun tatsächlich »natürlich« sind, seit vielen tausend Jahren in der Natur vorkommen. Sie werden sich mit der Sprache des Bischofs Wilkins recht schwer tun. Genauso schwer wie mit einer vom Computer erzeugten Sprache. Es braucht gar keine vierzig »Gattungen«, keine »Differenzen« und »Arten«, nur sprechbare Buchstabenkombinationen. Ein kleines Computerprogramm mit Zufallszahlengenerator wandelt jedes eingegebene deutsche

Wort in ein klangvolles Kunstwort. So erzeugen Sie an einem Tag Tausende neuer Wörter, sogar ganze Sprachen, jeden Tag eine andere. Und alle unmöglich schwer zu lernen. Dies ist all diesen Sprachen gemein, was weitere Erfinder nicht abgehalten hat, sich bis ganz zum Ende des 19. Jahrhunderts weitere auszudenken.

Größere Bedeutung hatten die »a posteriori«-Sprachen, die auf natürlichen aufbauen. Im Zeitalter des entwickelten Kolonialismus war leichte Verständigung mit Übersee ein Gebot der Stunde – die Überlegenheit einer Weltsprache würde schließlich auch von den Eingeborenen eingesehen. Es war das erste Zeitalter der Globalisierung, was sich damals alles mit der Silbe *Welt*- verband: Weltverkehr, Weltpostverein, Welthandel; es gab kein Internet, aber Überseekabel, und es gab ein »weltumspannendes« britisches Kolonialreich. In Deutschland gab es das nicht (jedenfalls nicht weltumspannend), und eine Weltsprache gab es auch noch nicht, aber da konnte Abhilfe geschaffen werden.

Der Prälat Johann Martin Schleyer schuf 1879 das *Volapük.* Er soll fünfzig Sprachen beherrscht haben, und man fragt sich, wie so ein Mensch auf die Idee kommt, eine weitere zu erfinden. Die »wundersame« Eingebung kam in einer schlaflosen Nacht – eine allumfassende Sprache sollte aus allen Menschen Brüder und Schwestern machen. Die Silben »vol« und »pük« sind vom englischen »world« und »speak« abgeleitet, »volapük« also »Weltsprache« – Schleyer hatte erkannt, dass gewisse Laute von manchen Völkern schwer oder gar nicht gesprochen werden konnten. Daher entfernte er das »r« aus seiner Schöpfung (weil von den Chinesen bekanntlich nicht zu sprechen) – und aus »speak« wurde natürlich »pük«. Dass z. B. die Engländer mit den deutschen Umlauten auch nach Jahren Probleme haben, entging seiner Aufmerksamkeit. »Schwer« und »leicht« definieren sich bei jemandem, der fünfzig Sprachen spricht, naturgemäß anders als beim Normalbürger. Im Volapük haben wir keine reine »a posteriori«-Sprache vor uns. Das Vokabular stammt zwar großteils aus zahlreichen indogermanischen Sprachen, einen Teil hat er aber frei erfunden. Auch die Ableitung aus den natürlichen Sprachen ist eher willkürlich, wodurch die Wörter des Volapük nur selten an ihre Herkunft erinnern – gerade darin sah Prälat Schleyer den großen Vorteil: Die Sprache war »a-national« und bevorzugte kein bestimmtes Idiom. Ein Drittel der etwa dreizehnhundert Wurzelwörter stammte aus dem Englischen, ein Viertel aus den romanischen Sprachen, ein Fünftel aus dem Deutschen. Die Abwandlung der Wörter erfolgte vollkommen regelmäßig durch Endungen und Vorsilben. Ausnahmen gab es keine, neue Worte konnten in beliebiger Zahl durch Zusammensetzung geschaffen werden. Besonders stolz war Schleyer auf das Volapükzeitwort. Durch gnadenlose Agglutinierung (Anleimung) immer neuer Vor- und Nachsilben konnte eine wahre Unzahl von Formen gebildet werden.

Wir müssen uns klarmachen, dass Prälat Schleyer und die anderen Sprachenerfinder samt und sonders Absolventen des humanistischen Gymnasiums waren, infolgedessen mit Latein und Altgriechisch in einer Weise traktiert worden sind, die sich heutige Gesamtschulabsolventen in ihren übelsten Träumen nicht vorstellen können. Das erzeugt entweder lebenslange Abscheu vor den klassischen Sprachen oder lebenslange Faszination – das humanistische Gymnasium ließ bei seinen Hauptfächern niemanden kalt. Zu den Faszinierten gehörten die Spracherfinder. Aber sie machten sich wohl auch Gedanken, weshalb die alten Sprachen in aller Regel unbeliebt waren. Das lag natürlich an den grammatischen Unregelmäßigkeiten, besonders beim Zeitwort. Das griechische Zeitwort erfordert seitenlange Konjugationstabellen, andererseits gibt es dort auch merkwürdige Lücken, die den Griechisch-Fan stören müssen. Zum Beispiel ermangelt das griechische Imperfekt eines Konjunktivs; in der entsprechenden Tabelle klafft dort ein hässliches Loch, eine weiße Fläche. Dass Platon und Aristoteles ohne einen Konjunktiv Imperfekt ausgekommen sind, ist für einen Sprachästheten wie Schleyer kein Argument – Unregelmäßigkeiten und unmotivierte Löcher sollte es in seiner Kunstsprache keine geben. Wenn das Diktum von der »deutschen Gründlichkeit« überhaupt je berechtigt war, dann beim Zeitwort im Volapük. Man hat ausgerechnet, dass sich von einem Verb in dieser Sprache *fünfhundertfünftausendvierhundertvierzig* verschiedene Formen bilden lassen; man versteht gar nicht, wie die Engländer mit fünf auskommen.

Schon die Zeitgenossen nahmen den Siegeszug des Volapük mit Überraschung zur Kenntnis. Innerhalb von acht Jahren hatte sich Volapük von

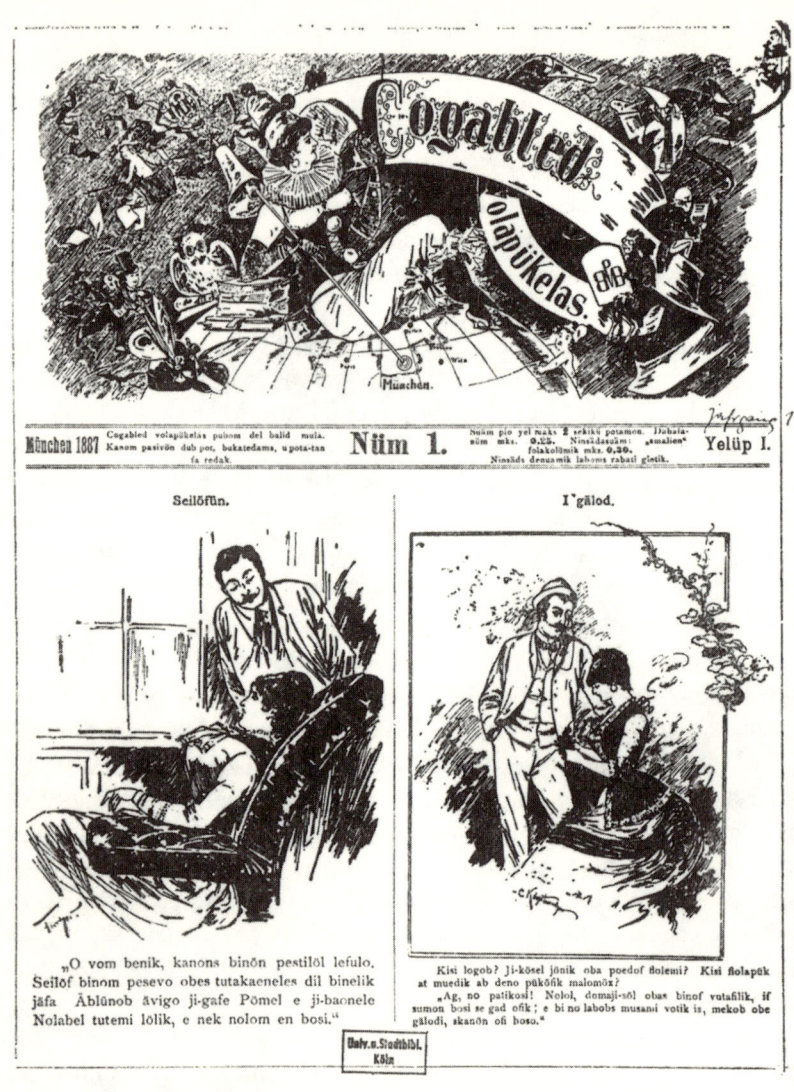

Titelblatt der ersten Ausgabe von »Cogabled Volapükelas«, einer humoristischen
Zeitschrift in Volapük aus dem Jahre 1887.

Litzelstetten aus in alle Welt verbreitet und eine Million Anhänger. Es gab in den achtziger Jahren des 19. Jahrhunderts 283 Volapükgesellschaften, 25 Zeitschriften und über dreihundert Lehrbücher des Volapük. 1884, 1887 und 1889 fanden Volapükkongresse statt, auf dem letzten wurde ausschließlich Volapük gesprochen. Und dies in einer »nicht internationalen, sondern in hervorragenden Weise nationalen Zeit«, wie der Sprachgeschichtler Gustav Meyer 1891 verwundert feststellt. »Noch nie sind Schlagwörter wie Arier und Semiten, oder Germanen und Slawen mit so entschiedener Betonung erklungen wie gerade jetzt. Die großen Völker stehen sich in eiserner Rüstung, die Hand am Schwerte, gegenüber ...« Und ausgerechnet da begeistert man sich für eine Weltsprache? Meyer sieht den Grund ganz prosaisch und nicht widerlegbar im ungeheuer gesteigerten *Weltverkehr,* Telegraph und Telefon lassen alle Entfernungen »auf ein Nichts zusammenschrumpfen« – Fortschrittsprosa halt, die uns hundert Jahre später merkwürdig vertraut klingt. Herr Meyer redet hier von der Globalisierung, die eben erst jetzt wieder auf der Tagesordnung steht, nach einem Jahrhundert wütender Katastrophen. Damals hatten sich die »Globalisierungsgegner« durchgesetzt. Die Volapükhysterie stammt vielleicht aus tiefem Ahnen, einer verzweifelten Hoffnung, dass eine Welt*sprache* das einzige Mittel gegen einen Welt*krieg* sein könnte (der im Generationenabstand in der Zukunft liegt und als Begriff noch gar nicht existiert). Spekulation? Immerhin dichtet der Erfinder selbst: »Mit des Geistes ewig lichten Waffen lasst uns neue große Friedenswerke schaffen, uns're Volapük, sie sei ein Liebeband ...«

Wie hat Volapük geklungen? *Löfon* heißt zum Beispiel »lieben«, *löfob* –ich liebe, *löfol*-du liebst, bei der dritten Person kann man allein durch die Endung zwischen »er«, »sie« und »es« unterscheiden: *löfom, löfof, löfos* –»er, sie, es liebt«, die Mehrzahl wird ganz regelmäßig durch Anhängen eines »s« an diese Formen gebildet, daher *löfofs* – »sie (weibliche Personen) lieben«, dagegen *löfoms* – »sie lieben«, wenn es sich um Männer handelt. Man sieht schon: für sprachliche Mehrdeutigkeit ist im Volapük kein Platz. Die Zeiten werden durch Vorsilben gebildet: *ä* für die Mitvergangenheit, *e* für die Vergangenheit: *älöfob* – »ich liebte«, aber *elöfob* – »ich habe geliebt« ... und so geht es weiter; durch immer neue Anhängsel und Vorsilben können Formen ausgedrückt werden, die einem normalen Menschen im Leben nicht einfallen. Schleyer war merkwürdig blind für die Ausspracheschwierigkeiten seiner Schöpfung. Der Chinese mag sich freuen, dass kein »r« in der Sprache vorkommt, der Franzose über das fehlende »h«, aber ich möchte nicht wissen, wie diese Menschen mit den reichlich verwendeten deutschen Umlauten klargekommen sind – oder Konsonantenkombinationen wie in *löfoms*, die schon eine deutsche Zunge auf die Probe stellen.

Ebenso schnell wie der Aufstieg kam der tiefe Fall des Volapük. Kurz nach der Jahrhundertwende waren all die Zeitungen und Vereine verschwunden. Warum? Die Kritiker des Volapük – solche gab es die Menge – wiesen schon früh darauf hin, bei einer *Weltsprache* käme es weniger auf die 505440 Verbformen an, sondern auf leichte Erlernbarkeit. Volapük war zwar imstande, die subtilsten sprachlichen Nuancen auszudrücken, aber für den normalen Handelsverkehr war es zu fremdartig – und ganz einfach zu schwer. Schleyer musste den Niedergang seiner Erfindung noch miterleben, er starb erst 1912.

1887 begann der Aufstieg des »Esperanto«. Die Sprache war die Erfindung des Arztes Dr. Ludwig Zamenhof aus Bialystok. In dieser Stadt wurden im 19. Jahrhundert schon vier Sprachen gesprochen: polnisch, jiddisch, litauisch und deutsch, dazu kam als Amtssprache russisch. Besonders gemocht haben sich die einzelnen Bevölkerungsgruppen nicht, Zamenhof sah den Grund in der Sprachenvielfalt, einer echten babylonischen Sprachenwirrnis auf engstem Raum. Prälat Schleyer hatte die Idee zu seiner Sprache in einer einzigen Märznacht des Jahres 1879 »empfangen« (von oben, darf man ergänzen); für Zamenhof war seine Kunstsprache ein Projekt, das ihn seit Kindheitstagen beschäftigte. Erste Entwürfe verbrannte sein entsetzter Vater, als Ludwig Lazar studienhalber in Moskau weilte; der Erfinder musste seine Sprache rekonstruieren und tat das auch mit großem Eifer. 1887 erschien das Ergebnis in Form eines Büchleins unter dem Pseudonym eines »Doktor Esperanto« – »hoffnungsvoller Arzt«. Der Name *Esperanto* hat sich durchgesetzt. Der Erfolg war ohne Beispiel. Esperanto übernahm mühelos die Rolle, die nur zehn Jahre vorher Volapük gespielt hatte. Es ist von allen erfundenen Sprachen die Einzige, die wenigstens dem Namen nach ins allgemeine Be-

Der Augenarzt Ludwig Lazar Zamenhof wurde am 15. Dezember 1859 in Bialystok geboren, wo Polen, Litauer, Juden und Deutsche unter russischer Herrschaft nebeneinander lebten. Schon als Schulkind verfolgte er seinen Traum von einer gemeinsamen Sprache. 1887 veröffentlichte er die Regeln des »Esperanto« in einem Buch. Ludwig Zamenhof starb am 14. April 1917 in Warschau.

wusstein gedrungen ist. Die Grammatik ist einfach, man kann die Regeln des Esperanto angeblich auf einer einzigen gedruckten Doppelseite unterbringen. Alle Hauptwörter enden auf »o«, alle Eigenschaftswörter auf »a«. Beim Zeitwort gibt es keine Konjugation, sondern vorgesetzte persönliche Fürwörter. Zeiten und Aussageweise sind durch kurze Nachsilben verwirklicht. An Esperanto hat es trotz des großen Erfolges auch heftige Kritik gegeben, die 1907 zu einer Abspaltung, zum *Ido,* führte. (Die Silbe »ido« bezeichnet im Esperanto den Sohn.) Zamenhof hat eine Form für den vierten Fall beibehalten, was man auf das germanisch-slawische Sprachumfeld seiner Heimat zurückführte. Außerdem gibt es eine Pluralendung für die Hauptwörter, die bei Verwendung von Artikeln (das Esperanto hat solche) überflüssig wären. Adjektive stimmen in Zahl und Fall mit dem Hauptwort überein – überflüssig, ebenso ein ganzer Haufen Partizipien. Die »Beugungswut« der alten Sprachen Latein und Griechisch hat auch das Esperanto infiziert – die Wortstellung, wurde zur Verteidigung angeführt, sei in stärker gebeugten Sprachen viel freier. Wenn buchstäblich jedes Wort seine Funktion im Satz durch die Endung verdeutlicht, kann man es buchstäblich hinstellen, wo man will. Jeder Schüler, der lateinische Texte übersetzen muss, kann davon ein Lied singen. Er muss sich die funktionalen Teile des jeweiligen, oft über viele Zeilen sich hinziehenden Satzes erst mühsam zusammensuchen – erst die Satzaussage, dann den Satzgegenstand, das Objekt und so weiter und so fort – für ganze Gymnasiastengenerationen ist freie Wortstellung ein Synonym für die »tote Sprache«. Dr. Zamenhof hatte schon Recht: Schüler hassen Unregelmäßigkeiten bei der Abwandlung von Wörtern – was aber nicht bedeutet, dass sie eine regelmäßige Abwandlung *lieben* würden. Am liebsten hätten sie gar keine Abwandlung – im Englischen ist das annähernd verwirklicht.

Wohin der Wahn führen kann, alle Bedeutungen den Wörtern selbst aufzubürden, zeigt das Beispiel der »philosophischen« Sprache des Paters Bonifacio Soto Ochando von 1845. Er war Direktor des Colegio Politecnico in Madrid. Pailo Ronai schildert diese völlig vergessene Sprache in seinem amüsanten Buch »Der Kampf gegen Babel«. Der Wortschatz ist »logisch« abgeleitet, und zwar komplett, Buchstaben für Buchstaben. Zum Beispiel das

Wort »eruba«. Alle Lebewesen beginnen mit dem Buchstaben »e«, folgt dann ein »r«, weist das auf ein Wirbeltier hin, ein »u« an dritter Stelle engt weiter auf ein Säugetier ein, an vierter Stelle ein »b« würde uns klarmachen, dass wir es mit einem »hornlosen Wiederkäuer« zu tun haben, das »a« am Schluss macht die Sache fest: es handelt sich um das Kamel. Die Klassifizierung folgt also auf jeder Stufe den sechsundzwanzig Buchstaben des Alphabets. Die Endungen dienen der Unterscheidung der Wortarten. Es gibt vier Artikel, fünf Fälle, siebzig Präpositionen und fünf verschiedene Befehlsformen. Pater Bonifacio hat auch an die Erfordernisse der technischen Moderne gedacht, in der messende und wägende Beurteilung eine immer größere Rolle spielt – und entsprechende Ausdrucksmöglichkeiten gleich in die Grammatik eingebaut. Das Wort *jala* bedeutet (natürlich vollkommen logisch abgeleitet) »Wasserfahrzeug«. Durch Anhängen der Silben *-be, -bi, -bo, -bu, -ba, -bla* und *-bra* kennzeichnet man auf einfachste Weise die dazugehörende Wasserverdrängung von 1–10, 11–30, 31–60, 61–100 oder in größeren Schritten 0–100, 101–1000 und über 1000 Tonnen Wasserverdrängung. *Jalabla* ist also ein Schiff mit 101 bis 1000 Tonnen. Bonifacio hat sogar vorgesehen, Interjektionen durch eine Endung auszudrücken, durch ein angehängtes f, um z. B. unserer Überraschung Ausdruck zu verleihen. Ruft jemand *jalabof!*, dann wissen wir sofort, dass er ein Wasserfahrzeug von einunddreißig bis sechzig Tonnen Wasserverdrängung aus dem Nebel auftauchen sieht und überrascht ist. Der Grund der Überraschung bedürfte näherer Beschreibung – beim Ausruf *erubabraf!* ist das nicht weiter nötig, bedeutet er doch: »Welch ein Kamel von über tausend Tonnen!«

Zurück zum Esperanto. Es ist im 20. Jahrhundert nicht allein geblieben. Auf die Abspaltung des *Ido* wurde schon hingewiesen. Ido war eine Gründung bedeutender Linguisten wie Couturat (der ein grundlegendes Werk über Kunstsprachen verfasst hat), Ostwald und Jespersen. Die Esperantisten waren darüber nicht begeistert, es begann ein publizistischer »Sprachenkrieg«, der über diverse Blättchen und Traktate ausgetragen wurde – und durch das Entstehen weiterer Kunstsprachen mit immer neuem Konfliktstoff versorgt wurde. Ein Herr Rosenberger erfand das *Idiom neutral*, ein russisch beeinflusstes Volapükderivat, der Österreicher Julius Lott das *Mun-*

dolingua. Der italienische Mathematiker Giuseppe Peano erfand *latine sine flexione,* ein vereinfachtes, eben ohne Beugung auskommendes Latein, das von einigen Dutzend Gymnasiastengenerationen freudig begrüßt worden wäre – wenn es eben nur schon Cicero eingeführt hätte. Der baltische Marineoffizier Edgar von Wahl erfand das *Occidental,* der dänische Sprachforscher Jespersen das *Novial.* Aus dem *Occidental* ging nach dem Zweiten Weltkrieg *Interlingue* hervor, 1951 entstand als Ergebnis einer ganzen Arbeitsgruppe von Sprachwissenschaftlern das *Interlingua* – und damit genug; die Anhänger der einen oder anderen hier nicht erwähnten Kunstsprache werden mir verzeihen. All diesen Sprachen ist gemein, dass keine von ihnen auch nur ansatzweise die Rolle einer »Weltsprache« erlangt hätte, wie sie der Lexikoneintrag von 1905 definiert hat. Weltsprachen sind Englisch, Spanisch und Chinesisch. Die Problemlage hat sich auch verändert, heute stehen sogar ökologische Aspekte im Vordergrund. Durch die Dominanz weniger weit verbreiteter Sprachen sterben andere aus wie bedrohte Raufußhühner, es gibt eine lange Rote Liste gefährdeter Sprachen.

Die Kunstsprachen sind Lösungen eines nicht mehr existenten Problems, etwa wie Lockpfeifen für die Jagd auf eine ausgestorbene Vogelart. Sie würden alle mehr oder weniger funktionieren. Braucht sie niemand, spricht sie niemand? Im Internet, wo es alles gibt, existieren jedenfalls auch diese Sprachen. So finden sich für *Volapük* 4.500 Einträge, für *Novial* fast 2.000, für *Interlingua* fast 80.000, für Esperanto schließlich über 150.000.

»Ist es auch Wahnsinn, hat es doch Methode.« Das Zitat passt nirgends besser als beim Erfinden von Sprachen. Dabei tarnen die »a posteriori«-Sprachen das vollkommen Irrationale der Unternehmung sehr erfolgreich noch mit vorgeschobenen Zwecken: Da geht es um Förderung von Wirtschaft und Handel, Völkerverständigung und allgemeiner Brüderlichkeit – die »a priori«-Sprachen schrieben diese hehren Ziele natürlich auch auf ihre Banner, aber das wunderbar Abseitige schimmerte da massiv durch. Andererseits ist »abseitig« eine Standpunktfrage. Hat es Sie zum Beispiel nie geärgert, beim Aussprechen langer Zahlen so viele Worte machen zu müssen? Zum Beispiel die Zahl 183.142 – »hundertdreiundachtzigtausendeinhundertzweiundvierzig« – eine Wortwurst mit vielen Irrtumsmöglichkeiten. Das Pro-

Und wer des Lebens Kampf nicht scheut,
Dem auch Natur die Kräfte leiht.
Ve nö timorem le vita lotur,
li ta natur odarem lo robur.

Die Zahlensprache.

Neue Weltsprache
auf Grund des Zahlensystems

mit einem selbständigen,
von allen andern Sprachen unabhängigen Wortschatze mit
Millionen festgeformter, unveränderlicher Grundwörter.

Vom Erfinder derselben
FERDINAND HILBE,
k. k. Kanzlei-Director in Feldkirch.

II. Auflage.

Preis 1 fl. oder 1.70 R.-M.

Feldkirch in Vorarlberg 1898.
Eigenthum und Verlag des Verfassers.

Leihgabe
der
Handelskammer
Vorarlberg

Mit seiner »Zahlensprache«
konnte Ferdinand Hilbe Riesen-
zahlen durch kurze Worte
ausdrücken! (Seltsamerweise
bestand danach kein Bedarf.)

blem war schon Leibnitz aufgefallen, weshalb er eine philosophische Zahlensprache vorschlug, deren Wörter alle auf Zahlen beruhten. Alle komple-
xen Vorstellungen wären demnach Produkte einfacher Vorstellungen, in die
man sie wieder zerlegen kann – wie man alle Zahlen in Primfaktoren zerlegen kann. Jeder Denkvorgang ist also eine Zahlenrechnung – Leibnitz hat
dieses Projekt nicht weiter verfolgt, nur ganz allgemein dargelegt. Mein
Landsmann Ferdinand Hilbe, »k. k. Kanzleidirektor aus Feldkirch«, griff die
Idee auf und entwickelte daraus vor hundert Jahren seine »Zahlensprache«.
Die Vokale *ei, a, e, i, o, u, ä, ó* (offenes *o*) und *au* sind die Einer, stehen also für
die Ziffern von 0 bis 9; die Konsonanten *b, d, f, g, k, m, n, p* und *v* sind die

Zehner, *bei* steht also für 10, *ba* für 11 und so weiter bis *bau* für 19, *dau* für 29 bis *vau* für 99. *l* ist der Hunderter, *s* der Tausender, *r-r* die Million, *q-r* steht für die millionste Potenz der Million. Das hässliche und lange 183.142 verkürzt sich aufs klangvolle und kurze *lapislage*. Schon bei einer Zahl wie 100.083.002.002 ist das Problem nicht mehr die sowieso unmögliche Vorstellbarkeit, sondern die *Aussprechbarkeit*. Es sind »hundert Milliarden dreiundachtzig Millionen zweitausendundzwei« – oder *laspirare* in der Hilbeschen Zahlensprache. Die Vorteile bedürfen, wie ich meine, keiner weiteren Erläuterung. Auch die Monsterzahlen der modernen Zahlentheorie ließen sich nach diesem System in sprechbare Einheiten umwandeln.

Hilbe blieb bei den Zahlwörtern nicht stehen. Er leitete von den Zahlwörtern auch *alle anderen* Wörter seiner Sprache ab. Jedes Grundwort ist eine ganze lesbare Zahl. Und die Bedeutung? »Die Bedeutung, die jedes Wort erhalten soll, ergibt sich ganz von selbst. Man gibt ihm jene Bedeutung, welche ganz dasselbe oder höchst ähnliche Wort in mehreren oder wenigstens in einer der europäischen Kultursprachen schon hat und wenn auch auf diese Weise mancher Begriff 2 oder 3 Worte erhält, wie pa = fatr, järda = lòrto etc., so ist das kein Unglück. Die Zahlensprache ist reich genug und ein Mangel an Wörtern wird in dieser Sprache etwas Unbekanntes sein.« Das glaubt man gern, da es doch unendlich viele natürliche Zahlen gibt. Bei den Ableitungen vermochte ich Hilbe nicht überall zu folgen (was wahrscheinlich an einem Mangel von mir beherrschter europäischer Kultursprachen liegt). So freut es einen zu erfahren, dass »Bier« einfach *bir* heißt und »Wurst« *vur*; aber warum heißt »Beamter« *lofiseb*? Und *lidernaßò* »Internationalität«? Interessant ist eine Fußnote in Hilbes im Selbstverlag 1898 erschienenen Büchlein, darin zeigt er einen alternativen Weg zur Wortbildung auf: Man könnte von den natürlichen Sprachen ganz absehen und den Grundwörtern die *natürliche, logische und mathematische Bedeutung* geben. (Hervorhebung von F. Hilbe), z. B. Vater + Mutter = Eltern, Vater x Mutter = Kind, Sonne + Sterne = Firmament. Das wäre dann »eine richtige Zukunftssprache« – aber nur, wenn die »Feststellung eines Mass- oder Werthmessers der mathematischen Verwandtschaft der Begriffe« gegeben ist. Neue Wörter würden sich ganz logisch aus den Begriffen ergeben – da ist er wieder, der

Traum aller philosophischen Sprachschöpfer von der Universalsprache aus dem Geiste der Logik. Dass aus diesem Geiste nicht eine, sondern zahllose Sprachen erschaffen werden können, haben sie nie eingesehen. Dass ferner eine Sprache, die verwendet werden soll, eine erhebliche Redundanz aufweisen muss, ist auch erst viel später erkannt worden.

Künstliche Sprachen als Maschinen, als vergessene Erfindungen: darunter sind solche, die immer noch von Adepten in ihren Zirkeln gesprochen (zumindest geschrieben) werden, und solche wie die des Ferdinand Hilbe, die nie gelebt haben. Erfindungen geraten in Vergessenheit, weil sie von etwas Besserem abgelöst wurden, der Semaphor in diesem Buch ist so ein Beispiel. Man wird nicht mit Fahnen winken, wenn man ins Handy reden kann. Aber die Kunstsprachen gehören nicht zu dieser Gruppe. Ihr Zweck war ja nicht allein, universelles Verständigungsmittel zu sein, sie sollten vielmehr zum Abbau des Nationalismus, zu allgemeiner Menschenliebe usw. führen. Es ist uns fast peinlich, so etwas auch nur zu hören; ein gesellschaftlicher Fehltritt wie ein öffentliches Bekenntnis religiöser Überzeugung. Dabei hätten wir die allgemeine Menschenliebe noch bedeutend nötiger gehabt als eine Sprache für den Geschäftsverkehr. Englisch ist Weltsprache immerhin durch drei Weltkriege geworden, die alle von Amerika gewonnen wurden, zwei heiße und einen kalten. Etwas Neues ist das nicht in der Geschichte, vielmehr eines der ältesten Prinzipien: Die Sprache der Sieger setzt sich durch. Natürlich ist es lächerlich, von einer Kunstsprache die Verhinderung von Kriegen zu erwarten, oder? – Es ist nicht *natürlich*, oder *logisch*. Es ist nicht passiert; wir können nichts dazu sagen, weil wir es ganz einfach nie versucht haben. Jede Aussage darüber ist ein Vorurteil. Versuche sind auch nicht mehr zu erwarten.

Der eine oder andere mag den Kunstsprachen nachtrauern. Für diese ein Rat zum Schluss: Wenn Sie eine Sprache suchen, deren Wortstämme keine indogermanische Sprache bevorzugt, die höchst regelmäßigen Bau besitzt, wo die Wörter auch fleißig gebeugt werden, ein »Antienglisch« gewissermaßen – dann lernen Sie doch Türkisch!

Absorberkühlschrank und Wärmetransformator

Mit diesem Kapitel wollen wir zwei Erfindungen Referenz erweisen, die zu den erstaunlichsten gehören, die je gemacht wurden. Die Erste in der Reihe, der Absorberkühlschrank, ist zwar nicht ganz und gar vergessen, aber verkannt und – der Ausdruck ist nicht zu hoch gegriffen – verachtet. Der Wärmetransformator gehört zu den Erfindungen, von denen der Durchschnittsmensch sein Leben lang nie einen Ton hört, er hat eher Gelegenheit, mit der Rückseite des Mondes bekannt gemacht zu werden als mit diesem Apparat. Wer zum ersten Mal erfährt, was das Gerät eigentlich macht, hält das für eine Ausgeburt esoterischer Traktatblättchen, in denen Energien vorkommen, von denen die Universitätsphysik nichts weiß, und der überlichtschnelle Antrieb nur an professoraler Borniertheit scheitert. Aber den Wärmetransformator gibt es seit gut achtzig (!) Jahren, und er beruht auf den bekannten Gesetzen der Physik. Später mehr, zunächst zur einfacheren Version, zum Absorberkühlschrank.

An meine erste Bekanntschaft mit diesem Apparat erinnere ich mich noch heute. Sie erfolgte auf den Seiten der »Wunderwelt«, einer inzwischen längst dem großen Sterben erlegenen österreichischen Jugendzeitschrift. Die Nummer war aus den fünfziger Jahren, es gab eine Technikseite, wo Haushaltsgeräte erklärt wurden. Auch der Absorberkühlschrank. An die Erwähnung des *Kompressorkühlschranks* kann ich mich nicht erinnern, obwohl der sicher auch vorkam, einen Kompressor hatten wir zu Hause, er hielt Lebensmittel kalt, schön und gut, hinten drin war ein Elektromotor, der periodisch brummte, nichts rasend Interessantes, es war … so gewöhnlich. *Mit einem Motor ist es ja keine Kunst!*

Der in Schnittzeichnung abgebildete Absorber hatte, das sah man auf den ersten Blick, *keinen Motor.* Er hatte einen »Heizstab«, aus dem Text ging schnell hervor, dass dieser Heizstab ganz bieder nur das machte, was sein Name versprach: Wenn man Strom durchschickte, wurde er heiß – wie die Heizstäbe in den damals häufigen Elektroöfchen. Das Ding erzeugte also Kälte *aus Hitze.* Sonst war nichts zu sehen, keine Pumpe, kein Ventil, kein sonstwie bewegtes Teil, kein Garnichts. Nur ein Heizstab. Wenn man es genau betrachtete, waren an diesem Kühlschrank nur zwei Teile beweglich: der Thermostatknopf – und die Tür. Dabei machte diese Maschine, was gar nicht sein konnte, etwas Zaubertrickartiges: *Kälte* aus *Hitze!* Aber was heißt hier: »Maschine«? An einer Maschine gibt es jede Menge bewegte Teile, am Absorber fehlten sie. Konnte man so etwas Maschine nennen? Wenn es aber keine Maschine war, was war es dann? Es funktionierte irgendwie chemisch, keine Frage, »Ammoniak« stand da in der Zeichnung und »Kalziumchlorid«, beides nicht gekannt, nie gesehen, Namen aus dem Zauberreich der Chemie, ich kann es ruhig so banal sagen. Chemie war mir die Kunst der Verwandlung, im Beispiel die von Hitze in Kälte, aber nicht wie im Märchen, wo Verwandlung sozusagen an der Tagesordnung ist, alle Verwandlungen eben *keine Kunst* sind. Chemie machte »richtige Verwandlungen«. Diese Faszination ist nie mehr ganz geschwunden.

Begriffen habe ich den Absorberkühlschrank nicht. Er ist das extreme Beispiel einer »Behälterkunst« im Sinne Lewis Mumfords, er ruht dreißig, vierzig Jahre in sich selbst in irgendeiner Ecke wie unser Beispiel auf der Abbildung von Seite 148. Äußerlich unbewegt. Kein Rädchen dreht sich, keine elektrischen Funken stieben. Nur im Inneren seiner verwirrenden Rohre bewegen sich Flüssigkeiten und Gase, offenbar immer im Kreis, denn nichts geht hinein oder hinaus außer Energie. Solange er Strom hat, läuft er. Die Campingausführungen brauchen auch keinen Strom, nur eine Gasflamme, der erste Absorber, die Ur-Erfindung, lief nicht mit Gas, sondern mit Holzkohlenfeuer als Eismaschine: Ein Pfund Holzkohle gibt drei Pfund Eis.

Es braucht keine Holzkohle zu sein: Es könnten Äste sein, Holzscheite, Torf, sonst etwas Brennbares, es muss nicht einmal brennen, es muss nur heiß sein und Hitze liefern. Heißes Öl aus einem thermischen Sonnenkollektor, Heißdampf aus einer Erdspalte, was immer man einsetzen will und kann. Der Absorber schluckt die Wärme und wandelt sie in Kälte um. Wie ein lebender Organismus. Von den Stoff- und Energieströmen im Inneren gibt er nichts preis.

Maschinen kann man nach allen möglichen Kategorien einteilen, vorwiegend tut man das nach dem Zweck, den sie verfolgen, und schafft damit eine gewisse Unübersichtlichkeit. Uns wird eine schlichte Zweiteilung weiterbringen: in »physikalische« und »chemische«. Oder »Maschinen im engeren Sinn« und »Apparate«. Die Urform der ersten Gruppe ist das Rad, die Urform der zweiten der Ofen. Beim Rad sieht man sofort, wie es funktioniert, beim Ofen sieht man das nicht. Das Rad hat in der Natur kein Vorbild, Vorbild des Ofens ist der Organismus. Darin gehen komplexe Dinge vor, die nicht verstanden werden. Das Rad ist die erstaunlichste Erfindung der Menschheit, denn sie wurde in einer Frühzeit gemacht, als abstraktes Denken noch in den Anfängen steckte – und abstraktes Denken von einem gewissen Niveau ist nötig, um das Rad zu erfinden. In der Natur gibt es keine »Räder«, die als Vorbild dienen konnten, ausgenommen höchst flüchtige Phänomene wie rollende Steine bei einem Felssturz. Isaac Newton ist die Gravitation beim Anblick eines fallenden Apfels eingefallen (angeblich), was aber hätte der neolithische Bauer erblicken sollen, damit ihm das Rad eingefallen wäre?

An Vorbildern für den Ofen herrscht dagegen, wie angedeutet, kein Mangel, aber nur, was die Form betrifft. Das Problem ist der Inhalt. Was geht in einem Ofen vor? Das zu entdecken oder auszudenken erfordert ein Abstraktionsvermögen anderer Natur. Öfen sind metamorphotische Maschinen, sie wandeln Dinge in *wesentlich* andere Dinge um. Holz in Hitze, aber auch Teig in Brot, Erz in Eisen – und Wärme in Kälte wie der Absorber. Ihnen haftet etwas Magisches an, auch Bezeichnungen wie »organisch« und »romantisch« drängen sich auf.

Sobald die Maschinen komplizierter werden, lässt sich die Zweiteilung in »Räder« und »Öfen« nicht aufrechterhalten. Sie sind nun Mischwesen aus beidem, enthalten Elemente beider Typen in wechselnder Zusammensetzung. Die Maschine der industriellen Revolution, die Dampfmaschine, ist sogar eine recht ausgewogene Kombination aus einem Ofen und verwickeltem Räderwerk. Die modernsten Maschinen, die Computer, sind natürlich »Öfen«; die Anzahl bewegter Teile geht immer weiter zurück, die Vorgänge im Inneren sind nicht sichtbar, nur der erstaunliche Output.

Im Spektrum zwischen »Rad« und »Ofen« liegt der Absorber weit auf der Ofenseite. Dabei ist er dem natürlichen Vorbild, dem Organismus, recht nahe, denn die Stoffe in seinem Inneren strömen im Kreis, es hat auch tatsächlich so etwas wie »Blut«: Es ist Salmiak.

Was ist Salmiak? Eine Lösung von Ammoniak in Wasser. Ammoniak selbst ist ein farbloses Gas von stechendem Geruch. Es hat die Formel NH_3, ein Stickstoffatom hat drei Wasserstoffatome an sich gebunden, das Ganze hat etwa die Form einer dreiseitigen Pyramide, der Stickstoff steht an der Spitze, die Wasserstoffatome an den drei anderen Ecken. Eine einfache Verbindung, die einfachste mögliche aus Stickstoff und Wasserstoff. Die einfachste aus Sauerstoff und Wasserstoff ist Wasser, H_2O. Ammoniak und Wasser haben eine große Affinität, sie sind ganz verrückt aufeinander, wenn man dem Wasser Gelegenheit gibt, mit Ammoniakgas in Berührung zu kommen, dann saugt es förmlich das Ammoniak in sich hinein und löst es auf. Bei zwanzig Grad löst ein Liter Wasser 700 Liter Ammoniak in sich auf, eine unglaubliche Menge. Das ganze Ammoniak, 0,7 Kubikmeter, steckt jetzt in einem Liter Wasser, das ist genauso, als ob ich das Gas mit einer Menge Aufwand so zusammengepresst, *komprimiert* hätte. Wasser ist ein *chemischer Kompressor* für Ammoniakgas. Beim Lösen wird außerdem eine erhebliche Wärmemenge frei. Was ist, wenn ich das Ammoniak sozusagen zurückhaben will? Bei einem mit einer Pumpe komprimierten Gas, zum Beispiel Pressluft, drehe ich einfach den Hahn an der Stahlflasche auf, das Gas strömt wieder aus. Beim chemisch komprimierten Ammoniak ist das nicht so einfach. Das Wasser hat das Gas *freiwillig* aufgenommen, gibt es aber nicht freiwillig wieder her. Ich muss das ammoniakhaltige Wasser erhitzen, Wärme zuführen, dann wird das Ammoniakgas abgegeben (ausgekocht). Wenn ich dem Ammoniakgas nun wieder den Raum zur Verfügung stelle, den es ursprünglich eingenommen hat, ist nichts weiter passiert, als dass der ursprüngliche Zustand wieder hergestellt wurde. Aber das muss ich ja nicht tun. Ich kann dem Gas einen viel kleineren Raum zur Verfügung stellen, etwa einen kleinen Stahlbehälter. Den wird es ausfüllen, aber unter hohem Druck. Was tut ein heißes Gas unter hohem Druck? Es verliert Wärme an die kältere Umgebung, es kühlt sich ab. Am Druck ändert sich nichts. Nehmen wir an, ich hätte so viel Ammoniak in den kleinen Behälter gepresst, dass der Druck dort 16 Atmosphären beträgt. Die Temperatur nimmt langsam ab. Bei 40 Grad passiert etwas Merkwürdiges: Es erscheinen Tropfen an den Wänden, ähnlich den Wassertropfen an einer beschlagenen Scheibe (ich beobachte das Innere durch ein Guckloch mit druckfestem Glas). Das Ammoniak wird flüssig und rinnt an den Wänden herunter. Die Flüssigkeit ist farblos und leicht beweglich. Gleichzeitig zeigt das Manometer, dass der Innendruck langsam fällt. Wenn der Behälter 20 Grad erreicht hat, ist er auf 9 Atmosphären gefallen. Der Stahlbehälter mit dem weitgehend flüssigen Ammoniak steht immer noch in Verbindung mit dem Wasserbehälter. Jetzt entferne ich die Heizung darunter und lasse das Wasser abkühlen. Der Druck am Ammoniakbehälter wird weiter sinken, das flüssige Ammoniak wird zu kochen beginnen und immer weniger werden. Offenbar wandelt es sich wieder in Gas um und strömt wieder in den Wasserbehälter zurück, wo es »freiwillig« vom Wasser verschluckt wird.

Ich will genauer sehen, was im Ammoniakbehälter passiert, gehe mit dem Gesicht näher ans Guckloch heran, berühre den Stahlbehälter mit der Stirn – und zucke zurück. Die Stahlwand ist eiskalt geworden und überzieht sich außen mit Reif. Ich habe Kälte hergestellt. Aus Hitze.

Genau das passiert in der Apparatur auf der Abbildung: Betrachten wir zuerst die linke Seite: A ist ein Kessel, gefüllt mit Wasser – und einer Riesenmenge darin gelöstem Ammoniakgas. Unten wird geheizt, Ammoniak wird ausgekocht. (K bezeichnet, richtig geraten, den Kamin.) Das Gefäß B steht in einer mit kaltem Wasser gefüllten Wanne C. B ist doppelwandig, wie die rechte Seite zeigt, J ist wahrscheinlich ein so genannter Rektifizieraufsatz, was dem Verfasser des Artikels in Meyers Konversationslexikon von 1863 allerdings nicht klar gewesen zu sein scheint, obwohl er sich den Apparat hat vorführen lassen. Beim Erhitzen einer Salmiaklösung (Wasser und Ammoniak) geht leider auch immer etwas Wasser mit. Die »Säule« J soll das weitgehend verhindern, dieselbe Funktion haben die säulenförmigen Aufsätze beim Schnapsbrennen – und die haushohen, schmalen Türme in der Ölraffinerie. Wie sie im Einzelnen funktionieren, gehört nicht in ein Buch über vergessene Erfindungen, sie sind zentrale Punkte unserer Zivilisation. Wie auch immer, für uns ist der Aufsatz J eine »black box«, wir lassen ihn schnell hinter uns und das Ammoniakgas durch die Röhren G und F in den Ring-

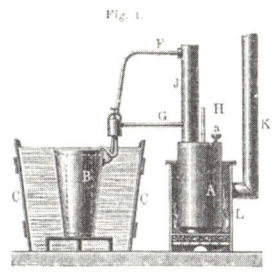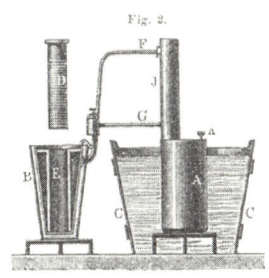

Die Maschine des Franzosen Fernand Carré ist umständlich zu bedienen, erzeugte 1860 aber etwas Sensationelles: Eis im Haushalt!

raum des Behälters B strömen. Darin herrscht ein Druck von mehreren Atmosphären. Das heiße Ammoniak wird sich langsam abkühlen (rundherum ist ja kaltes Wasser). Dabei wird es flüssig. Warum?

Das *Flüssigwerden* eines komprimierten Gases beim *Abkühlen* ist ein ganz normaler Prozess – die Umkehrung des wohlbekannten *Verdampfens* beim *Erhitzen* einer Flüssigkeit. Bei welcher Temperatur eine Flüssigkeit kocht, hängt vom Druck ab. Beim normalen äußeren Luftdruck von einer Atmosphäre kocht zum Beispiel Wasser bei 100 Grad. Auf einem hohen Berg ist der Luftdruck geringer, und das Wasser kocht schon früher. Das ist der Grund, warum das Teekochen auf den Achttausendern des Himalaja so eine langwierige Prozedur ist; das kochende Wasser hat nicht einmal mehr 90 Grad. Umgekehrt gilt aber auch: Ist der äußere Druck höher als eine Atmosphäre, dann ist auch der Siedepunkt höher, etwa am Ufer des Toten Meeres, das unter dem Meeresspiegel liegt. Ammoniak verhält sich wie Wasser, nur die Zahlen sind anders: Flüssiges Ammoniak kocht unter normalem Druck schon bei minus 33 Grad, bei Raumtemperatur ist es also längst gasförmig. Aber unter höherem Druck ist auch der Siedepunkt höher: Bei 16 Atmosphären liegt er bei plus 40 Grad. Mit kaltem Wasser kann ich also das Ammoniakgas bequem verflüssigen, wenn nur die Gefäße A und B die hohen Innendrücke aushalten.

Das Austreiben des Ammoniaks dauert etwa eine Stunde, in A ist (fast) nur noch reines Wasser, im Hohlraum B liegt das Ammoniak flüssig vor. Jetzt hebt man den ganzen Apparat heraus, A und B sind ja starr durch die Röhren verbunden. A kommt nun ins kalte Wasser, B sozusagen ins Freie,

141

wie auf der rechten Seite der Abbildung. Der mit Wasser gefüllte Zylinder D wird in B eingeschoben. Nun lässt man den Dingen ihren Lauf. Im Ringraum von B wird das flüssige Ammoniak verdampfen und durch die Röhren nach A zurückströmen. Warum? Weil das Wasser dort sich abgekühlt hat und wieder begierig große Mengen Ammoniak aufnehmen kann. Der Behälter B wird sich durch die Verdampfung des Ammoniaks stark abkühlen und das Wasser im Zylinder D zu Eis gefrieren. Nach einer Stunde sind etwa vier Pfund Eis erzeugt. Wer mehr Eis will, hebt den Apparat wieder heraus, setzt A in den Holzkohlenofen, B ins Wasserbecken ein, und das Spiel beginnt von vorn.

Es ist kaum zu glauben, dass diese Maschine tatsächlich für den Haushalt verkauft wurde. Der Verfasser des Lexikonartikels war höchst angetan: »Diese kleinen Apparate sind vollkommen wirksam, wie Schreiber dieses sich durch Augenschein überzeugt hat. Für den häuslichen Gebrauch sind sie jedoch nicht ganz ungefährlich«, bemerkt er treuherzig, »da in den allerdings sehr stark konstruierten Gefäßen immerhin ein Gas von 7 Atmosphären Druck gebildet wird, welcher sich bei unvorsichtigem Erhitzen noch steigern u. dadurch möglicherweise einmal das Zerplatzen des Apparates bewirken könnte. Es sollten deshalb diese Apparate nur sehr zuverlässigen und gewissenhaften Personen in die Hände gegeben werden.« Allerdings! Nicht nur der Sicherheitsbeauftragte, auch der Umweltbeauftragte würden bei der Präsentation eines solchen Apparates die Hände über dem Kopf zusammenschlagen. Ammoniak! Druck! Offenes Feuer! Kommt nicht in Frage! Das 19. Jahrhundert war da weniger zimperlich.

Die Methode hört sich recht umständlich an und ist es auch: Ausheizen des Ammoniaks, dann Herausheben, Abkühlen von Ammoniak und Wasser, Eisbildung. Aber in dieser Form wurde das System vom französischen Techniker Fernand Carré im Jahre 1860 präsentiert. Bevor wir uns den Verbesserungen zuwenden, die bald realisiert wurden, wollen wir noch einen tieferen Blick darauf werfen, was hier eigentlich passiert. Beim Absorber spielen zwei *Prozesspaare* eine Rolle: *Austreiben* eines Gases aus Wasser ist die Umkehrung der *Absorption* des Gases durch das Wasser; das andere Paar ist durch die Begriffe *Verdampfen* und *Kondensieren* gekennzeichnet, insgesamt also vier physikalisch-chemische Prozesse, der Name »Absorber« bezieht sich nur auf einen davon. Alle vier Vorgänge sind mit Wärme verbunden, die ich entweder zu- oder abführen muss, um den Prozess in Gang zu halten. Beim Auskochen des Ammoniaks wird Wärme zugeführt (Holzkohlenfeuer), beim Absorbieren des Ammoniaks wird Absorptionswärme wieder frei und muss weggekühlt werden. Diese Wärmemengen bringen in puncto Kälte gar nichts, sie sind energetischer Betriebsaufwand. Kälte entsteht erst beim Verdampfen des reinen, flüssigen Ammoniaks: Obwohl das deutlich unter null Grad erfolgt, geht es auch hier um eine *Wärmemenge*. Sie fließt vom Kühlgut ins Ammoniak. Dieselbe Wärmemenge wird beim Kondensieren des Ammoniaks wieder frei – aufgenommen vom Kühlwasser. Sie heißt dann *Kondensationswärme*.

Die Verdampfungs- und Kondensationswärme sind zwei Seiten derselben Medaille, und sie bestimmen als Verdampfungs- und Kondensationswärme des Wassers unser aller Leben, weil es genau die Wärmen sind, die den Ablauf des Wetters garantieren. Im Bewusstsein des Normalbürgers sind sie deswegen nicht. Sie sind nicht *fühlbar*. Fühlbare Wärme kennt jeder. Das ist die Wärme, die mit Temperaturänderung einhergeht.

Stellen Sie einen Topf mit Wasser auf die Schnellkochplatte und schalten Sie auf höchste Stufe. Es wird nichts rasend Aufregendes passieren. Das Wasser wird heiß. Was bleibt ihm übrig? Von unten wird laufend Wärme zugeführt, jede Sekunde eine ordentliche Menge, einen Teil strahlt der Topf wieder ab, unerquickliche Verluste, leider, leider – aber der Großteil der Wärme geht ins Wasser und erhöht dessen Temperatur. Das Thermometer steigt.

Bis das Wasser kocht. Dann zeigt das Thermometer rund 100 Grad (im Mittelgebirge ein bisschen weniger). Das Thermometer *bleibt stehen*. Es steigt nicht weiter, obwohl immer noch ununterbrochen von der Heizplatte Wärme zugeführt wird. Wo geht diese Wärme hin? In den Wasserdampf, der sich beim Kochen bildet. Das Wasser im Topf wird allmählich weniger. Es dauert ziemlich lange, bis alles Wasser verdampft ist und endlich der Topfboden zu glühen anfängt. Die Wärme, die wir energieverschwenderisch zugeführt haben, steckt nun im Wasserdampf. Sie ist nicht »fühlbar«, sondern

»latent«. Das kommt vom Lateinischen »latens« und heißt einfach »verborgen«, also vorhanden, aber nicht sichtbar, fühlbar. Diese latente Wärme wird wieder frei, wenn der Wasserdampf sich abkühlt, wieder flüssig wird und sich zum Beispiel an einer kalten Fensterscheibe niederschlägt. Sie ist beträchtlich: für ein Kilo Wasser 0,62 Kilowattstunden. Diese Wärmemenge muss man aufwenden, um ein Kilo Wasser in ein Kilo Wasserdampf zu verwandeln. Um dasselbe Kilo Wasser von 10 Grad auf die 100 Grad Siedetemperatur zu erhitzen, war nur *ein Sechstel* dieser Wärme erforderlich – die latente Wärme spielt also eine viel größere Rolle als die fühlbare; die Verdampfungswärme des Wassers warmer Meere speist die tropischen Wirbelstürme. Natürlich haben wir diese Dinge alle irgendwann einmal gehört, sie mögen deshalb trivial erscheinen. Den Dampf immerhin sieht man doch über dem Wasser aufsteigen. Quatsch! Den Dampf sieht man eben nicht. Die weißen Schwaden über dem kochenden Wasser bestehen aus feinen Wassertröpfchen, es ist also flüssiges Wasser, was man da sieht, Wasser, das schon wieder kondensiert ist. Wasserdampf als Aggregatzustand des Wassers ist ein farbloses, durchsichtiges Gas und genauso unsichtbar wie Luft.

Die Aufnahme und Abgabe von latenter Wärme tritt jedes Mal ein, wenn bei bestimmtem Druck die entsprechende Temperatur erreicht ist. Bei einer Atmosphäre Druck liegt diese Temperatur bei Wasser eben bei 100 Grad. Bei höherem Druck liegt sie höher, bei niedrigerem niedriger. Wenn sie erreicht ist, kommt es unausweichlich zum Wechsel des Aggregatzustandes, das Wasser hat keine Wahl, es muss den physikalischen Zustand ändern und dabei Wärme aufnehmen oder abgeben. Mit Ammoniak verhält es sich genauso, nur bei viel niedrigeren Temperaturen. Wenn Sie den Topf statt mit Wasser mit flüssigem Ammoniak füllen (minus 50 Grad kalt), brauchen Sie die Herdplatte gar nicht einzuschalten. Die warme Küchenluft wird Topf und Inhalt »von selbst« anwärmen – die Wärme strömt vom »Wärmeren« zum »Kälteren«. Wenn die Temperatur auf minus 33 Grad gestiegen ist, fängt das Ammoniak an zu kochen. Dabei nimmt es aus der Umgebung (der Küche) Verdampfungswärme auf. Die Küche hat einen gewissen Wärmevorrat, den muss sie hergeben und kühlt sich dabei ab. Sie haben diese Versuchsküche inzwischen verlassen (hoffentlich!), denn Ammoniak ist ein Giftgas und würde Sie in kürzester Zeit umbringen. Deshalb lässt man diesen Vorgang auch nicht in einem offenen Raum, sondern im geschlossenen Behälter ablaufen. Die Verdampfungswärme von Ammoniak ist nicht ganz so groß wie die von Wasser (60 Prozent), aber ausreichend, um in der Umgebung ordentliche Kühlung zu erreichen. Ein Kilo Ammoniak kann beim Verdampfen immerhin 35 Kubikmeter Luft von plus 20 auf minus 10 Grad abkühlen.

Flüssiges Ammoniak heißt also das Zauberwort, das uns die Erzeugung von Kälte ermöglicht. Um es zu verflüssigen, müssen wir es nur ordentlich komprimieren, wobei es heiß wird, und dann auf Raumtemperatur abkühlen lassen. Genau das geschieht in den dünnen Rohrschlangen auf der Rückseite des üblichen Kompressorkühlschrank, die vielen dünnen Blechstreifen erleichtern den Wärmeübergang auf die Luft. Dieser Teil heißt Kondensator. Das unter hohem Druck stehende flüssige Ammoniak von Raumtemperatur strömt durch ein Ventil ins Kühlschrankinnere – nur eine weitere Rohrschlange rund ums Eisfach gewunden. Das ist der Verdampfer. Dort ist der Druck viel niedriger, das Ammoniak verdampft, nimmt Verdampfungswärme auf und kühlt das Innere des Kühlschranks ab. Voilà! Und warum ist der Druck im Verdampfer niedriger? Weil der elektrische Kompressor den Ammoniakdampf ansaugt und so auf der einen Seite für Unterdruck sorgt. Er drückt das Gas zusammen (komprimiert es) und stößt es in den Kondensator. Fertig. Das Gas läuft immer im Kreis, bei jedem Durchlauf wird es verflüssigt und wieder verdampft. Kein Wasser, kein Auskochen, kein Absorbieren. Es ist alles viel einfacher mit dieser Kompressionsmaschine, und das ist auch der Grund, warum unsere Haushaltskühlschränke fast ausschließlich nach diesem Prinzip aufgebaut sind. Das war nicht immer so. Der Kompressorkühlschrank hatte ein paar Nachteile, die seiner Verbreitung anfangs im Wege standen. Erstens war der elektrische Kompressor ziemlich laut. Zweitens wurde der Kühlschrank zu Beginn des letzten Jahrhunderts oft mit Methylchlorid oder Äthyläther betrieben. Diese Flüssigkeiten verdampfen leicht bei niedriger Temperatur ähnlich wie Ammoniak. Leider gab es bei Kompressormaschinen oft Lecks, die Kühlmittel traten gasförmig aus, es kam immer wieder zu tödlichen Unfällen.

Einen Ausweg bot der Absorberkühlschrank, allerdings nicht in der umständlichen Form der Carréschen Eismaschine. Die besteht ja nur aus zwei Behältern: Der Wasserbehälter A spielt abwechselnd die Rolle des Kochapparats und Absorbers, der Behälter B die Rolle des Kondensators und Verdampfers. Wenn man diese Rollen trennt und zwei neue Gefäße einführt, kann das lästige Herausheben und Hantieren mit der Heizung vermieden werden.

Der Kocher treibt das Ammoniakgas aus dem Wasser aus, das Gas strömt in einen Kondensator (Rohrschlangen hinter dem Kühlschrank wie beim Kompressor). Das dort verflüssigte Ammoniak tritt durch ein Ventil in den Verdampfer (ganz wie beim Kompressorkühlschrank die Rohrschlange ums Eisfach). Dort verdampft das Ammoniak, wird wieder nach außen geleitet und gelangt in den namengebenden Absorber, natürlich wieder eine Rohrschlange, durch die ständig Wasser nach unten rieselt: Das Ammoniakgas wird vom Wasser gierig aufgenommen. Das Wasser stammt aus dem Kocher und kommt durch ein Reduzierventil in den Absorber. Wie beim Kompressorkühlschrank haben wir in der Maschine zwei verschiedene Drücke: hohen in Kocher und Kondensator, niedrige in Verdampfer und Absorber. Um den Kreis zu schließen, muss das mit Ammoniak angereicherte Wasser wieder in den Kocher gebracht werden, von niedrigem auf hohen Druck. Das besorgt eine *kleine* elektrisch betriebene Pumpe. Sie sollte nicht mit dem *Kompressor* beim Kompressorkühlschrank verwechselt werden. Der muss nämlich ein *Gas* komprimieren, wobei viel Energie aufgewendet wird, die Lösungspumpe beim Absorber bringt nur eine Flüssigkeit auf höheren Druck. Da sich Flüssigkeiten kaum zusammendrücken lassen, ist dazu auch kaum Energie nötig, die Pumpe kann sehr klein sein. Deshalb ist sie auch sehr leise.

In den ersten Jahrzehnten des vergangenen Jahrhunderts standen Kompressions- und Absorptionskühlschränke in harter Konkurrenz. Der Kompressor brauchte viel Strom, der Absorber konnte mit Gas betrieben werden (bis auf die kleine Lösungspumpe). Welche Wahl für den Verbraucher billiger war, hing von den jeweiligen Energiepreisen und der Verfügbarkeit der Energie ab. In Amerika setzte sich der Kompressor durch, weil dort die Elektrifizierung viel energischer vorangetrieben wurde, auch Marketingeffekte werden für den Siegeszug des Kompressorkühlschranks genannt: Das amerikanische Kapital setzte mehr auf Strom als auf Gas, Firmen wie »General Electric« hatten auch viel größere Werbemittel zur Verfügung. 1923 gab es in den USA noch acht Hersteller von Absorberkühlschränken, 1926 waren es nur noch drei, davon stellte nur noch einer Absorber in großen Stückzahlen her. Das Aus für den Absorber kam mit den dreißiger Jahren, als es gelang, Elektromotor und Kompressor in einem gekapselten Gehäuse zu integrieren, wodurch die Maschinen viel leiser wurden.

In Europa verlief die Entwicklung etwas anders. Hier ging die Elektrifizierung langsamer voran. Im Jahre 1922 gelang es zwei schwedischen Studenten, Baltazar von Platen und Karl Munters, am Königlich Schwedischen Technikkolleg den Absorber entscheidend zu verbessern: Sie ließen den letzten bewegten Bauteil, die Lösungspumpe, auch noch weg. Ihr Patent wurde 1925 von der Firma Elektrolux gekauft und ausgewertet. Ergebnis war ein Kühlapparat, an dem sich buchstäblich nur noch das Scharnier der Tür bewegte. Einen solchen Kühlschrank zeigt die Abbildung auf der nächsten Seite. Natürlich die Rückseite, die Vorderseite sieht aus wie bei jedem anderen Kühlschrank auch. Das Modell wurde um das Jahr 1970 gekauft (genauer weiß es der Besitzer nicht mehr). Damals war die in der Wohnzimmerschrankwand integrierte Hausbar ein höchst angesagtes Teil, die brauchte aus stilistischen Gründen auch einen Barkühlschrank. Die Hausbar wurde dann doch nicht so genutzt, wie dies in gewissen amerikanischen Filmen der Fall war, wo bei Innenaufnahmen Feuerzeugklicken und Whiskeygeplätscher die einzigen Nebengeräusche sind, die den Dialog untermalen. In solchen Filmen wird fast ununterbrochen geraucht und getrunken, wenn zwei Menschen einen Raum betreten, zündet sich der eine die Zigarette an, der andere marschiert auf die Hausbar los; vielleicht wusste man damals nicht, was Schauspieler während des Redens mit ihren Händen machen sollen. Es mag aber auch sein, dass die subtext- und zynismusgetränkten Dialoge diverser Hutträger und dauergewellter kalter Schönheiten einfach besser rüberkommen, wenn sich der und die Betreffende an einem Glas Hochprozentigen festhalten dürfen.

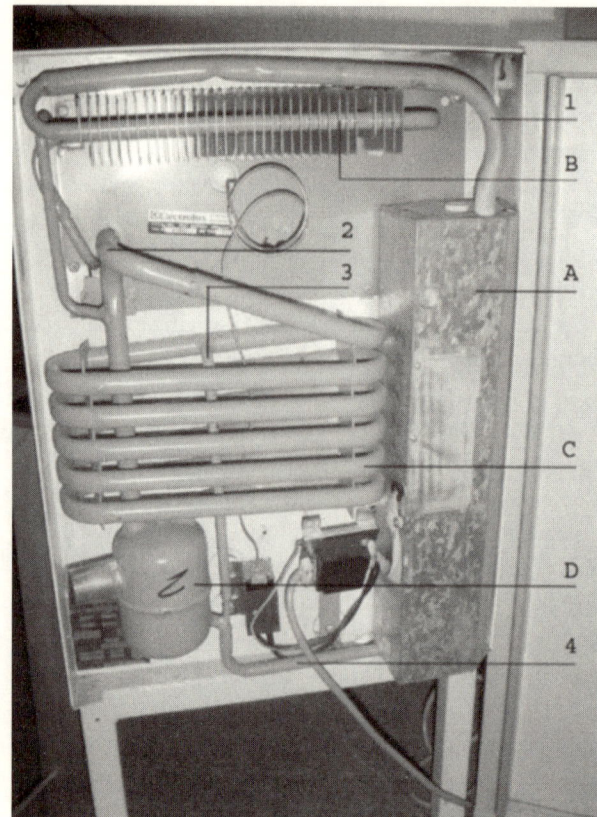

Unser Barkühlschrank wurde ausgebaut und leistete dem Besitzer die nächsten dreißig Jahre am Arbeitsplatz Gesellschaft, erst bei den Bregenzer Festspielen, später beim Rundfunk. Es wurde Mineralwasser darin gekühlt und Limonade, für Betriebsfeiern auch Sekt. Der Kühlschrank ist seit drei Jahrzehnten fast ohne Unterbrechung in Betrieb. Es gab nie eine Störung. Es gab auch keine Wartung (außer Abtauen). Und es gab keine Probleme.

Der Aufbau folgt einem seit siebzig Jahren unveränderten Schema. Rechts befindet sich der elektrische Kocher (A), im Prinzip eine Heizwendel in einem kleinen Topf, gefüllt mit ammoniakgesättigtem Wasser. Beim Erhitzen bilden sich in einem senkrechten Rohr Blasen aus Ammoniakgas, die steigen im Rohr hoch und treiben die Flüssigkeit nach oben, dabei trennt sich das Gas von der Lösung. Das Gas strömt durch das obere Rohr (1) in den Kondensator (B), wo es sich verflüssigt. Den nächsten Apparat, den Verdampfer, sieht man nicht, der ist natürlich im Inneren des Kühlschranks. Dort verdampft das Ammoniak und erzeugt Kälte. Was man wieder sieht, ist die Leitung (2), die aus dem Inneren heraus und in den Absorber (C) führt. Der kriegt aus Leitung (3) die ausgekochte »arme« Lösung zugeführt. Die Lösung rieselt durch die Rohrschlangen nach unten und saugt das Ammoniakgas auf, sie wird wieder zur »reichen« Lösung (reich an Ammoniak – die Adjektive »arm« und »reich« in diesem Zusammenhang sind keine populistischen Erfindungen von mir, sondern in der Kältetechnik übliche Fachbegriffe).

Die reiche Lösung sammelt sich im Vorratsbehälter (D), Leitung (4) schließt den Kreislauf zum Kocher.

Schön. Wo ist die Lösungspumpe?

Es gibt keine Pumpe.

Wo sind die Ventile?

Es gibt keine Ventile.

Es gibt nur einen Einfüllstutzen am Vorratsbehälter. Dort wurde zu der Zeit, als der erste Mensch den Mond betrat, alles Nötige eingefüllt, dann wurde er verschlossen und versiegelt wie ein Pharaonengrab und nie mehr geöffnet. Es gab und gibt dazu keinen Anlass, denn es gab und gibt keine Wartung.

Im ganzen Apparat herrscht derselbe Druck, es gibt kein Reduzierventil zwischen Kondensator und Verdampfer. Wieso verdampft dann das Ammoniak überhaupt? Das ist nicht leicht zu verstehen, und die Lexika bemühen sich auch, husch, husch über diesen Punkt hinwegzugehen.

Von Platen und Munters hatten die Idee, außer Ammoniak und Wasser auch noch *Wasserstoff* in den Apparat einzufüllen. Nicht als Energieträger. Einfach als Gas unter Druck, als »inertes«, an keiner Reaktion beteiligtes Gas. Wasserstoff löst sich auch kaum in Wasser, er »stört nicht weiter«, er ist einfach nur da. Genau in diesem »nicht weiter stören« liegt das Geheimnis des Absorberkühlschranks.

Wenn wir flüssiges Ammoniak in einen Topf schütten und den gut verschließen, bildet sich im Raum über der Flüssigkeit eine gewisse Menge Dampf – eine recht beträchtliche Anzahl Ammoniakmoleküle hat genügend Energie, aus dem Verband der Flüssigkeit »herauszuhupfen«. Wie viel Dampf, hängt von der Temperatur ab. Von *nichts* sonst. Schon 1807 hatte der geniale englische Chemiker John Dalton herausgefunden, dass der Gesamtdruck über einem Gemisch verschiedener Flüssigkeiten einfach die Summe der Teildampfdrucke dieser Flüssigkeiten ist: Jede Flüssigkeit entsendet so viele Moleküle in die Gasphase, »macht so viel Druck«, wie es die herrschende Temperatur verlangt; es spielt keine Rolle, welche *anderen Moleküle* dort schon herumschwirren und ihrerseits Druck erzeugen. Die Gasmoleküle einer Flüssigkeit tun einfach so, als ob sie in der Gasphase jeweils alleine wären, sie »kümmern« sich nicht um Moleküle anderer Art. Deshalb kann flüssiges Ammoniak auch unter hohem Druck verdampfen, sofern es eben sozusagen »fremdverursachter« Druck ist: Das flüssige Ammoniak fließt aus dem am höchsten Punkt angebrachten Kondensator in den Verdampfer *hinunter*. Dort »sieht« es aber kein Ammoniak in der Gasphase und bemüht sich, »Daltons Gesetz« zu erfüllen und eilig nachzuverdampfen. Wenn es den Gleichgewichtsdruck erreichen könnte, würde es damit aufhören, den erreicht es aber nicht, weil das gasförmige Ammoniak aus dem Verdampfer hinaus in den Absorber gesaugt und vom Wasser verschluckt wird. Die »reiche« Lösung sammelt sich unten im Vorratsgefäß. Durch die pure Anwesenheit von Wasserstoff im System wird also ein Druckausgleich geschaffen; ich brauche keine Pumpe, um die reiche Lösung in den Kocher zurückzupumpen, ich muss nur dafür sorgen, dass die »arme« Lösung im Kocher den halben Meter hochsteigt, damit sie oben ins Absorberrohr hineinrieseln kann; dazu dient eben ein Steigrohr, in dem die sich bildenden Ammoniakblasen die Flüssigkeit nach oben drücken.

Es ist klar, dass die einzelnen Mengen (Wasser, Ammoniak, Wasserstoff) genau auf die Abmessungen des Kühlschranks abgestimmt sein müssen. Außerdem darf er nicht schief stehen, die Flüssigkeiten in den Rohren bewegen sich durch die Schwerkraft, auch von Platen und Munters konnten Wasser nicht aufwärts fließen lassen.

Mit dem lautlosen und pumpenlosen Absorber lancierte die Firma »Electrolux« 1929 einen Welterfolg. Die Absorber wurden nun sogar nach Amerika exportiert, dort allerdings vorwiegend mit Gas betrieben. Im Zweiten Weltkrieg wurde Erdgas aus Venezuela importiert. Es enthielt geringe Asphaltspuren. Den amerikanischen Gasbrennern in den Wassererhitzern machte das nichts aus, das Asphalt verstopfte aber oft die Zuleitungen der Brenner in den Kühlschränken, und die Flamme ging aus. Leider war die Verstopfung nicht *vollständig*, sodass nicht verbranntes Erdgas aus dem Kühlschrank entweichen konnte. Das führte bei Hunderten Menschen zu tödlichen Gasvergiftungen und brachte die ganze Absorbertechnik in Verruf.

In den fünfziger Jahren war der Kampf zugunsten des Kompressors entschieden. Dies lag auch an der besseren Ausnutzung der Antriebsenergie. Nicht in dem Sinn, dass auf Energiesparen besonderer Wert gelegt worden wäre. Das war in den Fünfzigern sicher kein Thema. Aber im Sinn größerer Kühlleistung nach dem Motto: »Eiswürfel sofort!« Da konnte der Absorber nicht mithalten.

Ein etwas heikles Thema sind die Wirkungsgrade der Kälteerzeugung. Man setzt hier immer einen »idealen« Kühlschrank voraus und schaut, was im Idealfall überhaupt an Leistung zu erwarten ist. Der Absorberkühlschrank hat einen geringeren Wirkungsgrad als der Kompressor. Dass dieser so viel besser abschneidet, liegt allerdings an einem unfairen Vergleich: Womit wird er denn betrieben? Mit elektrischer Energie. Wo kommt die her? Aus einem Kraftwerk. Dort wurde sie in aller Regel aus fossilen Brennstoffen erzeugt. Aber eben nicht eins zu eins, bestenfalls werden 40 Prozent der fossilen Energie in Strom ungewandelt. Wenn wir ehrlich sind und uns nicht in die Tasche lügen, müssen wir das berücksichtigen.

Beim Absorber sind wir davon ausgegangen, dass er direkt mit fossiler Energie beheizt wird, Butangas zum Beispiel. Ein *realer* Absorber, wie er beim Camping verwendet wird, verbraucht allerdings mehr als zehnmal so viel Energie wie der Kompressor. Der Absorber überholt und abgetan?

Die Umwandlung von Wärme in Strom geht umso besser, je höher die

Temperatur ist, bei der sie durchgeführt wird. Im Kraftwerk erreiche ich natürlich viel höhere Temperaturen als mit der winzigen Butangasflamme in meinem Absorberkühlschrank. Schon aus diesem Grunde hat der Kompressor die Nase vorn. Wenn wir in unserem Campingkühlschrank das Butangas auch mit so hoher Temperatur wie das Öl im Kraftwerk verbrennen könnten, hätten wir keinen Unterschied zwischen Kompressor und Absorber, die beiden wären gleich gut.

Der Absorberkühlschrank ist auch deshalb auf Bereiche zurückgedrängt, wo es auf absolute Geräuschlosigkeit ankommt, wie in Hotelzimmern, oder wo eben kein Netz zur Verfügung steht wie beim Camping. Für Wohnwagen gehört der 60-Liter-Absorber zur Standardausrüstung. Natürlich sieht alles anders aus, wenn die benötigte Wärme gratis geliefert wird, etwa von einem Sonnenkollektor. Mit einem Hochleistungskollektor lässt sich die nötige Kochertemperatur ohne weiteres erreichen. Das Energieproblem stellt sich ebenfalls anders dar, wenn die Beheizung mit Biomasse erfolgt. In dieser Gestalt wird die Absorptionskältemaschine zum Mittelpunkt eines ungewöhnlichen Romans: »Moskitoküste« von Paul Theroux. Allie Fox, der ambivalente Held, hat die Nase voll vom »American way of life«. In der langen Einleitungssequenz äußert er alles an Zivilisationskritik, was in Amerika jemals geäußert worden ist; Allie Fox ist aber kein unbedarfter Grüner, sondern, durchaus amerikanisch, Ingenieur, genialer Erfinder, Durchblicker und Besserwisser, knochenharter Materialist, dabei mit immensem praktischem Verständnis – eine Art Gegengott zum tief religiösen sonstigen Personal des Romans. Allie Fox wandert mit seiner Familie in den honduranischen Urwald aus. Als Symbol sinnvoller Alternativtechnologie baut er mitten in der Wildnis eine riesige Eismaschine, haushoch, holzbefeuert vom Absorbertyp der Abbildung auf Seite 148 (der Wasserstoff wird eigens erwähnt).

Aber Charlie, der Ich-Erzähler und Sohn von Allie Fox, versteht nicht, wie die Maschine funktioniert. Niemand versteht das. Nicht die Eingeborenen, nicht die Gestrandeten und bigotten Missionare der Umgebung. Nur Allie Fox. Charlie, dem sein Vater befohlen hat, sich die Maschine von innen anzuschauen, ist fasziniert und entsetzt zugleich.

»Alles passte so nahtlos und war so gut verbolzt und so sauber befestigt! Ich erkannte, dass es geordnet war, aber die Ordnung – die Dimensionen dieser Ordnung – erschreckte mich. *Wie der menschliche Körper*, hatte er gesagt. Aber dies war der dunkelste Teil seines Körpers, und in dieser Dunkelheit waren die Gelenke und Winkelstützen seines Geistes, ein Dschungel aus gekrümmtem Eisen und dickbauchige, an dünnen Drähten hängende Tanks ...«

»Fat Boy« heißt das Wunderwerk – Kombination aus »Little Boy« und »Fat Man«. So hießen die beiden Atombomben, die Hiroshima und Nagasaki zerstört haben. Die Eismaschine funktioniert. Sie macht Eis aus Wasser und brennendem Holz. Mit Ammoniak, Wasserstoff und Ingenieurverstand. Eis. Wozu es gut sei, will der kleine Leo Maywitt wissen. Allie Fox erklärt den Gebrauch als Konservierungs- und Betäubungsmittel, Vertreiber von Schmerz, Hunger und Krankheit. Aber dann sagt er noch: »An der Moskito-Küste kommt es auf natürliche Weise nicht vor, es ist also der Beginn der Vollkommenheit in einer unvollkommenen Welt. Es gibt der Arbeit Sinn. Es ist umsonst. Es ist sogar hübsch. Es ist Zivilisation. Schiffe brachten es früher aus nördlichen Breiten, genauso, wie sie Gold und Gewürze brachten ...«

Die Welt nämlich ist unvollkommen – jeder Satz atmet den an der Welt zweifelnden Geist der Gnosis in ihrer neuen, amerikanischen Form. Die Welt ist kein Meisterstück. »Ich meine, man muss die Arbeit ein bisschen besser machen als Gott.« Das sagt Allie Fox, bevor die Katastrophe ausbricht, denn natürlich bricht die Katastrophe aus, die Welt setzt ihrer Verbesserung eigentümlich hartnäckigen Widerstand entgegen. Allie Fox wird zum Tyrannen und geht unter, seine Maschine aber lange vor ihm. »Fat Boy« ist ein starkes Symbol für eine andere Art von Technik, die – wenn die Dinge nur ein bisschen anders gelaufen wären – eine andere Art von Welt hervorgebracht hätte. Zwar geht die Maschine in einer giftigen Explosion unter, aber es wird niemand verstrahlt.

»Moskitoküste« wurde vom Australier Peter Weir mit Harrison Ford in der Hauptrolle verfilmt, der Film hatte 1987 bei den Berliner Filmfestspielen Premiere. Wie alle großen Kunstwerke hat der Roman mehrere Rezeptionsebenen. Spannende Abenteuergeschichte, klar, Zivilisationskritik und Kritik dieser Kritik, keine Frage, das ist Thema. Uns interessiert aber ein anderer, tiefer liegender Aspekt der Geschichte. Warum stellt Paul Theroux gerade eine Absorptionskältemaschine in den Mittelpunkt des Romans? Eine Maschine, von der die meisten seiner Leser nie etwas gehört haben. Eine Maschine ohne bewegte Teile. Niemand weiß genau, wie sie funktioniert. Wenn die ontischen Qualitäten einer Sache von der Umgebung abhängen, dann ist das Produkt der Maschine etwas vollkommen Abnormales: Eis im tropischen Dschungel. Den Indianern ist das Eis wie eine Substanz aus dem Weltraum, es wandelt sich zu Wasser ohne Zutun, ohne sichtbare Einwirkung von irgendwem oder irgendetwas. Metamorphose, die »von selbst« abläuft, während doch sonst alles Geschehen als verursacht, von einer göttlichen Macht bewirkt gedacht wird. In dem, was die Eismaschine vorstellt, und in dem, was sie herstellt, ist sie das Andere, das Fremde, das Unbekannte schlechthin. Und überhaupt: Maschine! Ist das überhaupt eine Maschine? Sollte sie nicht Räder haben, ungezahnte und gezahnte? Keilriemen und rotierende Wellen?

Theroux berührt mit »Fat Boy« eine erkenntnistheoretische Frage, die sich zum Beispiel in der Science-Fiction oft stellt: Was heißt eigentlich »verstehen«? Die meisten Maschinen erkennen wir als solche auf den ersten Blick, darunter solche, deren Verwendungszweck uns nicht klar ist und niemals klar werden wird, weil uns die fachlichen Voraussetzungen fehlen, die Erklärungen zu verstehen, die uns jemand dazu geben könnte – wenn uns denn diese Erklärungen interessierten, was sie in der Regel nicht tun. Wir »erkennen« diese Dinger als Maschinen, »verstehen« sie aber nicht. Dennoch haftet an diesem Unverständnis nicht der Schatten eines Geheimnisses. Wir wissen, wir würden diese Maschinen prinzipiell verstehen können, auch wenn das unrealistischen Aufwand an Zeit und Mühe mit sich brächte.

Dann gibt es Maschinen, die wir nicht einmal als solche erkennen. Der Roman »Picknick am Wegesrand« der Gebrüder Strugatzki ist voll von solchen Dingen – zurückgelassener Müll einer außerirdischen Zivilisation, die an einem engeren Kontakt mit der Menschheit kein Interesse hatte. In diesem Müll gibt es wunderbare, aber auch sehr gefährliche Dinge; manche sind gar nicht als »Dinge« erkennbar, nur durch ihre katastrophalen Wirkungen spürbar. Das Thema hat Stephen King in seinem Roman »Der Buick« wiederaufgenommen, auch hier stammt das titelgebende Auto aus einer anderen Welt – und ist natürlich auch kein Auto, obwohl es wie eines aussieht.

»Fat Boy« in Therouxs Roman hält eine mittlere Position. Er ist wenigstens nicht getarnt. Man stolpert weder drüber noch hinein, und er tut auch nicht so, als ob er eine Mühle wäre. Aber was ist er dann? Eine Art künstlicher Organismus, wie Allies Erklärungen nahe legen?

Man ist leicht geneigt, einen Gegenstand, den man nicht versteht, fremd und bedrohlich zu finden. Die Ansicht ist zwar populär, aber falsch. Wir sind alle von Dingen umgeben, die wir nicht verstehen, und wir wissen, dass Gefahren von ihnen ausgehen; Autos zum Beispiel. Aber sind sie deshalb »fremd« oder gar »bedrohlich«? Es sind Alltagsgegenstände, die wir ganz selbstverständlich benutzen, keine UFOs. Die meisten Menschen haben doch von der Funktionsweise eines Explosionsmotors genauso viel Ahnung wie von der eines UFOs, nämlich gar keine. Das Gefühl der Fremdheit kommt vom *Abstand* zum Gegenstand, besser: von einem Missverhältnis des *räumlichen* zum *ontischen* Abstand, zum Abstand im Sein der Dinge. Was zu unserer Ordnung der Dinge gehört, erkennen wir auf den ersten Blick. Was nicht dazugehört, beunruhigt uns nicht, wenn es weit weg ist (UFOs in aller Regel). Wenn es zur bekannten Ordnung gehört und uns nahe ist, auch nicht (Autos). Angsterzeugend ist das *Unbekannte* und gleichzeitig *Nahe*. Auch, wenn es uns an etwas Bekanntes erinnert (uns ontisch »nahe« liegt), sich davon aber so stark unterscheidet, dass die Einordnung in die Kategorie des Bekannten gerade eben nicht mehr gelingt. Deshalb ist Stephen Kings »Buick« so ein entsetzliches Monster; er ist eben gerade *kein* Auto mehr. Und deshalb sind uns die unverständlichen Maschinen, die nach dem »Picknick am Wegesrand« zurückgeblieben sind, zwar monströs und gefährlich, lassen den Leser aber eigentümlich kalt, obwohl sie viel mehr Action bieten als der Buick. Sie sind einfach zu »weit weg« von allem, was wir kennen.

Und nun »Fat Boy«: Er fällt aus der Ordnung der Dinge des Romanpersonals, und er ist diesem Personal ganz nah. Er ist auch uns *näher* als der »Buick« in Kings Roman, denn vor diesem Raubtier rettet uns das massive

Gitter der absoluten Fiktion. Der »Buick« stammt von Außerirdischen, na also, die gibt's nicht, Quatsch, alles erfunden, angenehmer Grusel, gelungene Unterhaltung.

Mit »Fat Boy« und seinem Erfinder Allie Fox verhält es sich anders: Der ist auch erfunden, aber je weiter wir in der Lektüre fortschreiten, desto weniger kommt er uns erfunden vor. Dieser »Außerirdische« läuft draußen herum, und seine Maschine funktioniert, das wissen wir von vornherein. Solche Dinger gibt es. Na schön, sie stellen keinen Tunnel zu »einer anderen Welt« her, aber was sie machen, ist unheimlich genug, wenn man nur eine Minute darüber nachdenkt: Eis aus Feuer.

Hätte Allie Fox den Honduranern einen Kran hingebaut oder eine Dampfmaschine, brächten wir kaum Interesse auf, das sind altbekannte Dinge, gewöhnlich wie Teigkneter. Es musste schon etwas Besonderes, *nicht* Mechanisches sein, etwas *Organisches, Organismisches,* dem der dunkle Zauber der Natur anhaftet. Als »Fat Boy« explodiert ist, verlässt Allie den Weg der Chemie. »Kein Gift mehr, Mutter«, verspricht er seiner Frau, »alles schlicht und einfach halten – Physik, keine Chemie. Hebel, Gewichte, Zugseile, Stangen. Keine Chemikalien, außer denen, die auf natürliche Weise vorkommen. Stabile Elemente ...«

Theroux vermeidet jede Eindeutigkeit. Denn von diesem Zeitpunkt an, als er der Chemie abschwört, geht es mit Allie Fox bergab. Seine Familie entkommt, er selber nicht. Der ich-erzählende Sohn wird nicht in seine Fußstapfen treten, so viel ist sicher. Er ist ein Idiot der Art, wie sie sein Vater immer verachtet hat.

Die Absorptionskältemaschine ist jedenfalls eine unheimliche Maschine. Sie tut etwas Wunderbares, aber ohne Rückgriff auf Magie oder Science-Fiction. Sie stammt nicht von der Vega, sondern aus einem Pariser Labor. Sie arbeitet mit Röhren (eigentlich besteht sie nur aus Röhren) und mit Ammoniak, das kein gewöhnlicher Zeitgenosse je in flüssiger Form zu Gesicht bekommt.

Setzt man die Temperaturen der Maschine höher an und konstruiert sie dementsprechend, dann heißt das Ding *Absorptionswärmepumpe.* Der Unterschied liegt nur in unserem Interesse. Beim Kühlaggregat fragen wir, wie viel Wärme bei tiefer Temperatur *entzogen* wird; bei der Wärmepumpe wollen wir wissen, wie viel Wärme bei höherer Temperatur *geliefert* wird. Auch die Wärmepumpe arbeitet mit drei Wärmereservoirs mit steigenden Temperaturen: einem »kalten«, einem »warmen« und einem »heißen«. Zwei verschiedene Wärmemengen fließen in die Wärmepumpe hinein: eine vom »kalten« Reservoir, eine zweite vom »heißen«; eine dritte Wärmemenge fließt aus ihr ins »warme« Reservoir hinaus. »Reservoir« heißt hier einfach Wärmespeicher und ist traditionelle Redeweise, man meint in der Theorie einen abstrakten Wärmespeicher unendlicher Größe mit unendlich gut isolierenden Wänden und einem einzigen Auslass für die Wärme, eben zur Wärmepumpe hin. In der Realität gibt es so etwas nicht, für uns ist die »heiße« Wärme einfach die von der Gasflamme erzeugte, die »kalte« zum Beispiel die dem Grundwasser entzogene, die »warme« schließlich die ins Wohnzimmer gespeiste.

Die Bezeichnungen »warm«, »kalt« und so weiter stehen in Anführungszeichen: Es ist salopper Sprachgebrauch. Korrekt müssten wir immer von »Wärme der Temperatur T_x« sprechen, der Index »x« steht dann für »0«, »1«, »2«. Es ist sinnlich schwer zu verstehen, wie das fast schon eiskalte Grundwasser »Wärme« liefern soll. Aber das tut es natürlich: Wenn ich es von acht Grad auf vier Grad abkühle, entziehe ich dem Grundwasser eine bestimmte Wärmemenge. Der Grund für das Missverständnis liegt darin, dass wir wohl einen Temperatursinn haben, aber keinen Wärmesinn. Was wir mit den Sinneszellen der Haut wahrnehmen, sind Temperaturen.

Im Fall des Absorberkühlschranks ist die heiße Wärme wieder die der Gasflamme, die kalte ist die Wärme, die dem Inhalt des Eisfachs entzogen wird, und das »warme« Reservoir ist die Küche, in der der Kühlschrank steht. Absorptionskältemaschine und -wärmepumpe sind sozusagen Schwestern; etwas ferner verwandt, etwa der Vetter, ist der *Absorptionswärmetransformator*.

Das ist nun eine mächtigere (oder verrücktere) Zaubermaschine als Kühlschrank und Wärmepumpe. Beim Wärmetransformator fließt *eine* Wärmemenge vom »warmen« Reservoir hinein, *zwei* Wärmemengen fließen heraus: eine ins »kalte« Reservoir, eine ins »heiße«. Der Wärmetransformator ist eine Absorptionswärmepumpe mit »umgedrehter« Richtung der Wärmeflüsse. Was bedeutet das jetzt?

Ganz einfach: Eine Wärme mittlerer Temperatur, zum Beispiel Abwärme einer Fabrik, fließt in den Wärmetransformator und wird dort aufgespalten. Der größere Teil fließt nach unten zur tiefen Temperatur von Kühlwasser oder Umgebungsluft. Daran ist nichts Sensationelles. Genau das passiert, wenn wir einen Eimer warmes Wasser im Freien stehen lassen, nach einiger Zeit hat er sich ganz automatisch auf Umgebungstemperatur abgekühlt, seine Wärme an die freie Natur abgegeben. Die ist futsch.

Anders beim Wärmetransformator: Den kleineren Teil der zugeführten Wärme *transformiert* er auf höheres Temperaturniveau. Krass ausgedrückt: Wasser mit sechzig Grad fließt hinein – und kochendes Wasser fließt raus. Angetrieben wird das Ganze durch zwei kleine Pumpen mit vernachlässigbarer Energieaufnahme.

Nun wird auch jemand, der sich mit dem Absorber nicht auskennt, rein gefühlsmäßig noch irgendwie nachvollziehen können, dass man mit der zugeführten »Hitze« wohl Wärme auf höhere Temperatur »pumpen« oder »zwingen« kann; eine Flamme ist etwas Machtvolles. Aber hier kommt die »Hitze« als Nutzwärme oben heraus, gespeist wird das Ding mit Kühlwasser und einer mittleren, gewissermaßen »lauen« Wärme, die »heiße« Wärme ist wortwörtlich »für *lau*«!

Erfunden hat diesen Apparat der 1880 geborene Dr. Ing. Waldemar Willy Edmund Altenkirch im Jahre 1914. Einen rasenden Bedarf an Wärmetransformatoren hat das 20. Jahrhundert nicht gehabt. Wer in besagtem Jahrhundert Bedarf an Wärme »auf hohem Temperaturniveau« hatte, der hat halt etwas angezündet: erst Kohle, dann Öl, heute zunehmend Gas. Die Abwärme stieg und steigt als das große Brandopfer der Moderne zu den Göttern der Verschwendung und der Prasserei empor. Erst 1953 ließ sich Altenkirch einen bestimmten Typus von Wärmetransformator patentieren, danach gab es ein paar Versuchsmodelle in Forschungseinrichtungen. Dass die Sache funktioniert, ist klar, die Details würden allerdings den Rahmen dieser Darstellung sprengen.

Wozu ist der Wärmetransformator gut? Wenn der Industrie in fast hundert Jahren nichts anderes eingefallen ist als ein paar Versuchsanlagen, wird dem Laien auf die Schnelle auch nichts einfallen. Das Ganze hängt mit Abwärmenutzung zusammen. Was tun wir schon mit Abwärme? Möglichst schnell wegkühlen. Die industrielle Kultur, die »Denke« ist auf Abwärme noch nicht richtig eingestellt, die technische Fantasie noch nicht angesprungen.

Mir persönlich fiele zum Wärmetransformator schon etwas ein: Bei Sonnenkollektoren, die man zum Heizen benutzen will, tritt im Winterhalbjahr das leidige Problem zu geringer Leistung auf – das Wasser wird bei der schwachen Einstrahlung einfach nicht warm genug. Auch größere Kollektorflächen, wie man oft liest, helfen da gar nichts: Wenn die Sonne im Kollektor nur zwanzig Grad warmes Wasser zustande bringt, dann macht sie im großen Kollektor genau dasselbe, und wenn er einen Quadratkilometer groß ist. Man hat dann viel *mehr* zwanzig Grad warmes Wasser, das aber um kein Zehntelgrad wärmer geworden ist.

Hier könnte der Wärmetransformator einspringen. Das zwanzig Grad warme Wasser ist die »laue« Wärmequelle, die null Grad warme Außenwelt ist die »kalte« Wärmesenke. 35 Grad kann ich an der »heißen« Seite innen abnehmen und einer Fußbodenheizung zuführen. Mit einer Heizlast von 0,9 Kilowatt und einer Einstrahlung von 200 Watt pro Quadratmeter wären dann schon 30 Quadratmeter Kollektorfläche nötig, um das Haus zu heizen. Moderne »Passivhäuser« verwenden allerdings Erdkollektoren zur Luftvorwärmung, diese auf Luft basierenden Systeme nutzen die konstante Temperatur von plus 10 Grad in zwei Meter Tiefe. Um die auf Raumtemperatur anzuheben, verwendet man standardmäßig »Mikrowärmepumpen« – ein Wärmetransformator ist natürlich auch denkbar, bringt aber bei den lächerlichen Gesamtenergiekosten wahrscheinlich keinen Vorteil.

Wie auch immer: Im Wärmetransformator haben wir eine erstaunliche Erfindung, für die das Adjektiv »vergessen« nicht zutrifft. Was vergessen wurde, muss einmal »gewusst« worden sein, das ist hier nicht der Fall. Der Wärmetransformator hat das produktive technische Bewusstsein noch gar nicht erreicht.

Imberts Holzvergaser kann wieder werden, was er *war*.

Altenkirchs Transformator muss erst werden, was er *ist*.

Das Ionentriebwerk

Die vergessenen Erfindungen dieses Buches stammen aus dem 19. Jahrhundert oder der ersten Hälfte des 20. Das Ionentriebwerk führt uns in die Gegenwart. Es ist auch nicht vergessen worden wie der Hydraulische Widder oder die Kunstsprachen; es war untergründig immer da, es war sogar »geheim«, also wohl weniger vergessen als verdeckt. Nun hat es eine erstaunliche Renaissance. Möglicherweise erleben wir hier ein Beispiel, wie aus dem Blickfeld geratene Erfindungen zu ungeahnter Aktualität gelangen können.

Wenn man sich die Zeitachse des Vergessens anschaut, entsteht der Eindruck, in der zweiten Hälfte des vergangenen Jahrhunderts sei nichts Technisches mehr vergessen worden. Das mag mit der Organisation des Erfindens zusammenhängen. Zum genialen Einzelkämpfer treten Forschungs- und Entwicklungslabors, deren Produkte brauchbarer, aber anonymer sind: Kein Wort von »jahrelanger, nervenzerstörender Arbeit«, wie von Anton Flettner berichtet, dringt mehr in Memoirenform an die Öffentlichkeit, die Arbeit mag noch nervenzerstörender sein als damals – es interessiert keinen mehr. Erfindungen treten ganz selbstverständlich ans Licht. Es gibt Fachmagazine, die uns über technisch Neues informieren, und das technisch Neue infiltriert den Alltag jeden Tag neu. Wir haben uns nicht nur daran gewöhnt, wir glauben auch ein Anrecht auf Perpetuierung des Fortschritts zu haben; manchen ist es schon lästig, den Zivilisationskritikern sowieso suspekt. Diese Art Fortschritt läuft in der allgemeinen Wahrnehmung von selbst, er ist in sich wertloser als vor hundert Jahren. Die erste Frage, die sich dem Zeitgenossen stellt, der mit technischer Neuerung konfrontiert wird, ist nicht: Wie funktioniert das, sondern: Brauche ich das wirklich? Eine ganze Generation ist mit einem tiefen Misstrauen gegen alles Technische infiziert worden. Der antimoderne Affekt des Deutschen Bürgertums wütet wie ein hartnäckiges Virus etwa seit den siebziger Jahren in den Bildungsschichten. Wie ein echtes Virus häufig mutiert und seine Hülle geänderten ökologischen Bedingungen anpasst, so verändert auch das deutsche Antimodernitätsvirus sein Aussehen. Die Erstinfektion in der Romantik äußerte sich vor allem in den

Symptomen der Naturschwärmerei und Mittelaltersehnsucht, spätere Varianten wurden gewissermaßen politischer und zeigten mehr oder minder ausgeprägten Antidemokratismus, Elitarismus und Autoritarismus. Ein Nebensymptom (etwa wie Schnupfen bei der Grippe) war aber immer eine antitechnische oder zumindest technikkritische Haltung.

Die schweren Symptome sind verschwunden (hoffentlich für immer), nur das Antitechnische ist geblieben. Die Deutschen sind gute Demokraten, der autoritäre Charakter verschwindet, wie Untersuchungen beweisen, immer mehr aus der Bevölkerung – nur der antitechnische Affekt blieb als Reminiszenz an ein schweres Krankheitsbild der Vergangenheit. Etwa wie ehemals gefürchtete Seuchen durch Immunisierung zu Kinderkrankheiten mutieren. Es kann aber nicht übersehen werden, dass Reizwörter wie »Logarithmus« bei einem beträchtlichen Teil der Bevölkerung immer noch massive Antikörperproduktion hervorrufen. Der Organismus wehrt sich entschieden gegen das Eindringen irgendeiner Art von technischem Verständnis, außer es handelt sich ums Auto (aber das hat eher mit Religion zu tun als mit Technik). Ohnehin ist Technik nicht Technik. Auf manche Hervorbringungen blickt der zeitgeistige Zivilisationskritiker und die -kritikerin mit dem müden Lächeln derer, die wissen, dass Herbert Marcuse doch Recht hatte – auf alle Medien-Spielmaschinen wie Computer, CD-Player und so weiter –, dass sie ihre Gedanken dazu auf einem Laptop formulieren, ist kein Widerspruch, deshalb ist sein/ihr Lächeln ja auch »müde«. Aber manche Sachen erregen seinen, besonders aber ihren gerechten Zorn, und das ist die »Weltraumfahrt«. Ihr Symbol ist die Rakete; es lässt sich einfach nicht leugnen, dass es sich dabei um das phallischste Symbol handelt, das je von Männern erfunden wurde, und der Raketenstart die machohafteste Metapher für den Höhepunkt ist, die man sich vorstellen kann. Parodistische Übersteigerung, Riesenrummel, Mordsgetöse, und gleich darauf ist alles vorbei. Dabei kann man nicht einmal sagen, es sei »nichts dahinter«. Die erste Stufe der »Saturn V« verbraucht beim Start in einer Sekunde 13,3 Tonnen Treibstoff, was dem Verbrauch von 1,2 Millionen Autos entspricht. Raumfahrt ist auch extrem teuer. Wenn man von der reinen Rüstung absieht, hat sich kein Bereich der Technik so oft den Vergleich mit den Kindertagesstätten und Schulen gefallen lassen müssen, die man für dieses Geld hätte bauen können, das da buchstäblich in einen leeren Himmel geschossen wurde. Und wofür? Für ein paar hundert Kilo Basaltgestein vom Mond ... In der Gestalt der »Atomrakete« ist dieses Gerät zum Inbegriff des absolut Bösen geworden, zwei Generationen sind unter der Drohung völliger Vernichtung aufgewachsen, verkörpert in den schlanken Formen von Interkontinentalraketen. Wie die Bomben wirklich aussehen, war nicht bekannt, die Raketen sind dagegen zu einer Ikone des 20. Jahrhunderts geworden. Psychisch ist die Rakete nicht zu retten.

Dieses letzte Kapitel macht Schluss mit der klassischen Rakete. Keine Feuerströme, keine donnernden Triebwerke, kein phallisches Theater. Schluss, aus.

Dieses letzte Kapitel soll erstens eine Art Desensibilisierung der Technikallergie bewirken und zweitens den Blick öffnen für die Körper des Sonnensystems. Die sind alle erreichbar, nicht für Menschen, aber für Instrumententräger. Mit der Technik des Ionentriebwerks muss man dafür nicht Jahrzehnte aufwenden wie jetzt.

Das Ionentriebwerk hat keinen Massendurchsatz von Tonnen, sondern von Milligrammbruchteilen; es donnert nicht, sondern summt, und man kann damit keine Dialektik von der Gewalt der Technik und der Technik der Gewalt demonstrieren. Das Triebwerk, über das wir hier sprechen, hat nicht die Größe eines Silos, sondern eines Kochtopfs. Es ist »sanft«.

Das Ionentriebwerk ist eine der erstaunlichsten Erfindungen, die je gemacht wurden. Es nutzt im Wesentlichen elementare Elektrotechnik. Bei jeder Rakete fliegt hinten etwas raus. Bei chemischen Raketen sind das heiße Verbrennungsgase. Dadurch bewegt sich die Rakete selbst nach vorn. Man nennt das Rückstoßantrieb oder »indirekten« Antrieb. Der kommt im Alltag nicht vor. Wenn wir auf der Straße gehen oder Auto fahren, verwenden wir den »direkten« Antrieb, wir stoßen uns dabei mit Schuhen oder Reifen (über die Haftreibung) an der Straße ab, die Schiffsschraube »stößt sich« am Wasser ab, der Propeller an der Luft. Die Rakete stößt sich an den Massen ab, die nach hinten hinausfliegen. Die Sache funktioniert umso besser, je größer sie sind, diese Massen, und je schneller sie es tun: desto schneller wird die Rakete selber. Wenn keine Massen mehr da sind, ist es aus mit dem Abstoßen, und die Rakete fliegt weiter wie ein geworfener Stein. Erkannt hat alle diese Zusammenhänge schon der geniale russische Raketenpionier Konstantin Ziolkowski am Beginn des letzten Jahrhunderts. Von ihm stammt auch die Grundgleichung der Raketentechnik:

$$V_E = V_T \cdot \ln \left(\frac{M_A}{M_E}\right) \qquad (1)$$

Darin ist V_T die Geschwindigkeit des Treibstoffs, der hinten rausfliegt, auch »Strahlgeschwindigkeit« genannt, V_E ist die Endgeschwindigkeit der Rakete selbst, die »M« in der Klammer bezeichnen die Masse der Rakete, »A« am Anfang, »E« am Ende. Der Unterschied zwischen Anfang und Ende ist natürlich der Treibstoff; wenn 90 Prozent des Startgewichts auf den Treibstoff entfallen, dann wiegt die Rakete beim Start genau zehnmal mehr als am Schluss, wenn der Treibstoff ausgestoßen und weg ist. Der Bruch M_A/M_E ist dann 10, der natürliche Logarithmus (ln), sagt der Taschenrechner, ist rund 2,3. Eine typische Strahlgeschwindigkeit wäre 2,75 Kilometer pro Sekunde, daraus ergibt sich nach Gleichung (1) eine Raketenendgeschwindigkeit von 2,75 · 2,30 = 6,32 km/sek. Wem das zu wenig ist, der hat nur zwei Möglichkeiten: die Strahlgeschwindigkeit zu erhöhen oder den Massenbruch zu erhöhen. Steigert man den zum Beispiel auf 100 (die Rakete wiegt am Anfang hundertmal so viel wie beim »Brennschluss«), dann besteht das Startgewicht fast nur noch aus Treibstoff (99 Prozent) – leider steigert sich der Logarithmus, das hat er so an sich, nur von 2,3 auf 4,6, also nur aufs Doppelte, ebenso verdoppelt sich dann die Endgeschwindigkeit der Rakete. Die zweite Möglichkeit liegt in der Erhöhung von V_T – die Strahlgeschwindigkeit wächst zum Beispiel mit der Wurzel aus der Brennkammertemperatur: Wenn die viermal so hoch wäre, stiege die Geschwindigkeit des Treibstoffstrahls wenigstens aufs Doppelte – aber es heißt eben *wäre* und *stiege*, nicht *ist* und *steigt*, denn natürlich bewegt man sich mit den Temperaturen ohnehin am oberen Ende des Möglichen: *heißer geht nicht.* Man verbrennt zum Beispiel flüssigen Wasserstoff mit flüssigem Sauerstoff zu Wasser und erzeugt dabei Temperaturen von über 3000 Grad Celsius, das heiße Gas dehnt sich wahnsinnig stark aus und entweicht durch die einzige vorhandene Öffnung, das ist die Düse. So funktioniert die Rakete. Erreichbar sind auch mit allen Tricks (Stufenprinzip) nur Strahlgeschwindigkeiten von ein paar Kilometern pro Sekunde.

Nun gibt es in der Physik durchaus Körper, die sich locker zehnmal so schnell bewegen: geladene Atome in einem elektrischen Feld. Ein Ion des Edelgases Xenon erreicht zwischen zwei Gitterplatten, an denen eine Gleichspannung von 1500 Volt liegt, bereits rund 47 km/sek.

Prof. Horst Löb von der Universität Gießen hat solche Triebwerke seit Jahrzehnten untersucht und entwickelt. Ein Prinzipschaltbild zeigt diese Abbildung: Links unten erkennt man eine Stromquelle, die zwischen Kathode und zylindrischer Anode ständig einen Strom fließen lässt. Die Elektronen dieses Stroms schlagen aus den Treibstoffatomen, die von links eingebracht werden, zusätzliche Elektronen heraus: Die Atome werden dadurch zu positiv geladenen *Ionen*. Die Elektronen strömen zur positiv geladenen Anode. Die Ionen aber werden durch das rechts eingezeichnete Gitter aus der Ionisationskammer förmlich »herausgesaugt« – zwischen den gestrichelt gezeichneten Gitterelektroden werden die Ionen massiv beschleunigt. »Gitter« trifft das Aussehen übrigens recht genau: Es sind Metallplatten mit vielen tausend Löchern, aus denen die Ionen hinausfliegen. Der Abstand dieser Bleche liegt im Millimeterbereich – je näher sie einander sind, desto stärker ist das elektrische Feld dazwischen, desto stärker ist auch die Kraft, die die Ionen hinausschleudert.

Der »Neutralisator« rechts oben in der Abbildung mischt dem Ionenstrahl außen wieder die Elektronen zu; Elektronen und Ionen vereinigen sich hinter dem Triebwerk zu neutralen Atomen. Unterlässt man das, lädt sich das Triebwerk immer stärker negativ auf, und die Anziehung zwischen negativem Triebwerk und positivem Ionenstrahl würde den Schub aufheben. Die Rakete käme nicht mehr voran. Dieses freie Herumfliegen von Elektronen und Ionen funktioniert natürlich nur im Vakuum des Weltraums, die Elektronen des Ionentriebwerks würden in der dichten Atmosphäre förmlich stecken bleiben. Es muss zum Einsatz von einer normalen Rakete erst einmal in eine Umlaufbahn gehoben werden. Horst Löb im Gespräch mit dem Autor:

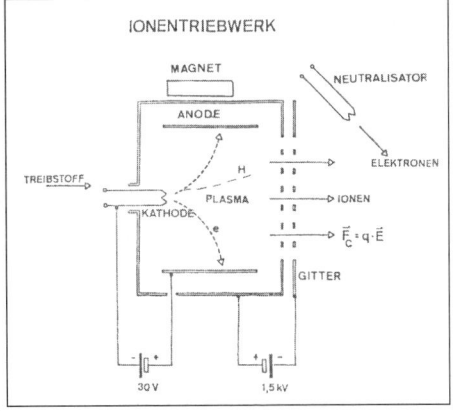

IONENTRIEBWERK

MAGNET

NEUTRALISATOR

ANODE

TREIBSTOFF

H

ELEKTRONEN

PLASMA

IONEN

KATHODE

e

$\vec{F}_c = q \cdot \vec{E}$

GITTER

30 V   1,5 kV

Ein Raketenmotor, der mit
Strom läuft: das Ionentriebwerk.

»Das Problem bei den konventionellen Raketen ist, dass der Heizwert der Brennstoffkombination begrenzt ist. Im besten Fall, wenn wir Wasserstoff und Sauerstoff verbrennen, wie das eben heute in vielen Raketenstufen gemacht wird, kriegen wir höchstens 4,3 km/sek Ausströmgeschwindigkeit. Das ist ein Energieproblem: der spezifische Heizwert der Brennstoffkombination.«

In der Praxis ist die Ionisierung allerdings mit gewissen Schwierigkeiten verbunden. Die in der Abbildung vorgestellte Bauweise gab es schon in den sechziger Jahren. Damals verwendete man als Treibstoff das Alkalimetall Cäsium.

»Die Amerikaner haben das früher gemacht, ein paar Europäer haben es auch versucht. Cäsium ist zwar sehr, sehr leicht zu ionisieren, am leichtesten von allen möglichen Treibstoffen, und es ist auch relativ schwer: Man braucht schwere Treibstoffe – aber Cäsium ist eben sehr *aggressiv*. Es gibt ein Problem der Kontamination des ganzen Satelliten. Wenn sich da irgendetwas niederschlägt ... es ist eben ein sehr aggressives Alkalimetall.

Wir haben früher Quecksilber genommen, das mussten wir verdampfen. Quecksilber lässt sich sehr gut ionisieren, vor allem auch in flüssiger Form im Treibstofftank aufheben. Wir mussten auch vom Quecksilber run-

Das erste Labor-Testmodell von 1963/64.

ter. Das heißt, alle Welt – die Amerikaner, die Russen und wir Deutschen im europäischen Rahmen – benutzt heute ein Edelgas. Und wenn dieses Edelgas dann nicht ionisiert rausgeht und irgendwelche Satellitenteile trifft, dann passiert nichts ... die Umstellung ist aber jetzt schon fünfzehn, zwanzig Jahre her. Auch Quecksilber ist Anfang der achtziger Jahre durch Xenon ersetzt worden.«

Xenon ist ein Edelgas, das klingt merkwürdig, denn Edelgase sind eben »edel« – sie lassen sich nicht mit anderen Elementen ein, geben nur höchst ungern ihre Elektronen her. Aber Edelgas ist eben nicht Edelgas.

»Wenn Sie Helium nehmen würden, das leichteste Edelgas, das ist sehr schwer zu ionisieren. Wenn Sie Xenon nehmen, das schwerste Edelgas, das auch stabil ist, dann ist es gar nicht so schlimm; es lässt sich leichter ionisieren als beispielsweise Luft, Stickstoff oder Sauerstoff, auch mit einer hohen

Ausbeute. Es ist nicht ganz so gut wie Quecksilber, aber das ist nur ein kleiner Nachteil.«

Entfernt wird übrigens nur ein Elektron, das Ganze passiert in einem zylindrischen Keramikgefäß. Die deutsche Bauart weicht vom Prinzipschaltbild etwas ab. Die dort eingezeichneten Elektroden »Kathode« und »Anode« zeigen nämlich dieselben Lebensdauerprobleme wie die entfernt verwandten Leuchtstoffröhren: Sie brennen durch. Ein Ionentriebwerk muss aber in aller Regel viele tausend Stunden in Betrieb sein. Man ist in Gießen deshalb von den Elektroden abgekommen. Horst Löb:

»Innen ist dann das Gas, außen drum eine Spule. Diese Spule ist an einen Hochfrequenzgenerator angeschlossen, der hat eine Frequenz von etwa einem Megahertz. Dann fließt hochfrequenter Strom durch die Spule, der ein hochfrequentes Magnetfeld im Inneren der Spule erzeugt, und dieses hochfrequente Magnetfeld induziert wieder ein elektrisches Wirbelfeld im Inneren des Gefäßes. In dem Wirbelfeld werden Elektronen beschleunigt. Die Elektronen stoßen mit neutralen Atomen zusammen und ionisieren sie.«

Man nennt das eine »elektrodenlose Ringentladung«, die Aggregate halten länger, auch die Steuerung ist einfacher.

Der wesentliche Grund für die Entwicklung der elektrischen Triebwerke war die große Strahlgeschwindigkeit V_T aus unserer Ziolkowski-Gleichung (1). Diese Geschwindigkeit hängt von der verfügbaren Beschleunigerspannung, der Ladung der Ionen und ihrer Masse ab:

$$V_T = \sqrt{\frac{2 \cdot q \cdot U}{m}} \qquad (2)$$

Darin ist q die Ladung des Ions, m seine Masse und U die elektrische Spannung. Nach einiger Umformung bekommt man einen Ausdruck für den *Schub* des Triebwerks:

$$F = I \cdot \sqrt{\frac{2 \cdot m \cdot U}{q}} \qquad (3)$$

Hier taucht noch die Ionenstromstärke I auf, m und q haben im Bruch unter der Wurzel die Plätze gewechselt; für großen *Schub* sollten die Ionen also möglichst schwer und nur einfach geladen sein, für große *Strahlgeschwindigkeit* wäre es besser genau umgekehrt. In der Praxis entscheidet man sich für große Ionenmassen. Das Edelgas Xenon hat ein Molekulargewicht von 131, fast so viel wie Cäsium, das immerhin ein Metall ist. Die absoluten Zahlen (Masse und Ladung *eines* Ions) sind unvorstellbar klein, deshalb betrachtet man in der Chemie immer eine ordentliche Zahl von ihnen, nicht gerade ein Dutzend oder ein Schock, sondern schon etwas mehr: $6{,}023 \cdot 10^{23}$ Moleküle oder Atome eines Stoffes. Man nennt diese Zahl ein *Mol*; das winzige q in den Gleichungen wird dann zu einer ordentlichen Ladung von 96.500 Amperesekunden; diese Ladung wird transportiert, wenn ein Strom von knapp 27 Ampere eine Stunde lang fließt. Die Ionenmasse m wird zum Molgewicht, bei Xenon 0,131 kg. Die spezifische Ladung (q/m) ist dann 736,6 Amperesekunden/Kilogramm. Setzt man jetzt noch 2000 Volt Spannung ein, liefert Gleichung (1) schon einmal einen Wert von 54,28 *Kilometer pro Sekunde.* Steigern lässt sich das durch höhere Spannung bis zu 1000 Kilometer pro Sekunde. Bei zu hohen Spannungen kommt es zum Überschlag zwischen den Gitterelektroden. Die Endgeschwindigkeit V_E (Gleichung 1) ist je nach Massenverhältnis natürlich noch viel höher, zum Beispiel 3000 km/sek. Ein wirklicher Affenzahn. Damit wären die sechs Milliarden Kilometer zum äußersten Planeten, zum Pluto, in gut drei Wochen zurückgelegt – unsere jetzigen Raumsonden kriechen dagegen förmlich durch den Weltraum – es ist dasselbe Verhältnis wie zwischen einer Concorde und einem Fußgänger.

Leider hat die Sache einen Haken: Der Schub einer Rakete wächst zwar mit der elektrischen Leistung, fällt aber mit steigender Geschwindigkeit des Strahls. Na und, macht das was? Allerdings: Ein kleiner (besser: winziger Schub) bewirkt nur eine ganz kleine Beschleunigung – in unserem Beispiel würde es im optimalen Fall mit jetzt verfügbaren Antriebsaggregaten 960 Jahre dauern, bis die 1000 km/sek erreicht sind. Überhaupt der Antrieb: Bei der chemischen Rakete steckt die Energie praktischerweise gleich im Treibstoff. Die »elektrische« Rakete braucht wie jedes Elektrogerät eine Steckdose.

Die gibt's nicht im Weltraum, also muss sie sich ihren Strom selber erzeugen: mit Solarzellen oder nuklear. Der Solargenerator oder Atomreaktor wird umso höhere Leistung liefern, je größer er ist. Dann ist er aber leider auch schwerer. Was soll man da eigentlich machen? Viel Xenon auf die Reise mitnehmen, um lange beschleunigen zu können und eine hohe Endgeschwindigkeit zu erreichen – oder lieber einen dicken Stromerzeuger mitnehmen, der ordentlich Power macht? Gar nicht so leicht zu entscheiden ... Eine mathematische Optimierung gibt die Antwort: Das Massenverhältnis für Treibstoff und Antriebsmaschine muss gleich groß sein, das heißt, das Xenon muss ebenso viel wiegen wie der Stromerzeuger. Dann und nur dann ergibt sich die maximale Nutzlast bei gegebener Anfangsbeschleunigung und Brenndauer des Triebwerks. Professor Löb ergänzt:

»Wenn Sie die Summe aus Treibstoff und Energiequellenmasse *minimieren*, bekommen Sie *maximale* Nutzlast, das will man ja! Da liegt im Augenblick das Optimum so bei vierzig, fünfzig Kilometer pro Sekunde, das sind dann Spannungen von 1,5–2 kV. Es gibt im Augenblick Überlegungen, wenn man zum Pluto fliegen will, zum äußersten Planeten, da braucht man noch höhere Strahlspannungen, da braucht man 70 Kilometer pro Sekunde und eben 4000 Volt.«

Für die optimale Strahlgeschwindigkeit (bei maximaler Nutzlast) ergibt sich eine überraschend einfache Formel:

$$V_{opt} = \sqrt{(2 \cdot \eta \cdot \alpha \cdot \tau)} \quad \text{(4)}$$

Dabei ist η (äta) der Wirkungsgrad des Antriebs, α (alpha) die spezifische Leistung in Watt pro Kilogramm und τ (tau) die Brenndauer in Sekunden. Wer weit weg will, muss eine lange Brenndauer wählen – das Triebwerk lange laufen lassen. Wirkungsgrad und spezifische Leistung sind vorgegebene Werte des Triebwerks und der Energiequelle. Und bei der Energiequelle, wie wir gleich sehen werden, tun sich überraschende Möglichkeiten auf.

Zunächst sind die Fakten über das Ionentriebwerk allerdings ernüchternd. Kein Feuerstrahl kommt hinten heraus, sondern ein bläuliches Leuchten. Wenn man im Weltraum direkt daneben stünde, würde man die längste

Zeit vielleicht nur an diesem Leuchten sehen, dass es eingeschaltet ist, nicht an der Bewegung. Wieder Professor Löb:

»Das ganze Triebwerk hat einen Durchmesser von 35 cm etwa und wiegt sieben, acht Kilogramm, nur, damit Sie eine Idee haben – und es erzeugt 200 Millinewton, 250 Millinewton mit Ach und Krach.«

200 Millinewton sind eine sehr kleine Kraft. Um einen gewöhnlichen, 20 Gramm schweren Brief in der Hand zu halten, müssen Sie mit dieser Kraft nach oben drücken; tatsächlich ist so etwas als »Kraft« gar nicht spürbar. Wenn so winzige Kräfte tonnenschwere Satelliten anschieben sollen, sind die Beschleunigungen, wie erwähnt, winzig, etwa zehntausendmal kleiner als die Erdbeschleunigung. Nach einer Stunde hätte das Triebwerk immerhin Fußgängertempo – und hätte sich auch ein paar Kilometer entfernt. Aber eine Stunde ist gar nichts – solche Ionentriebwerke laufen Monate und Jahre. Die Triebwerke lassen sich zu ganzen Bündeln zusammenfassen, dann wird der Schub natürlich größer, allerdings auch der Energiebedarf. Das führt auf die Grundfrage zurück: Wer liefert den Strom? Im Prinzip gibt es nur die beiden erwähnten Alternativen: Solarzellen und Reaktoren. Bei Flügen ins innere Sonnensystem, also *auf die Sonne zu,* sind Solarzellen das Mittel der Wahl. Wenn es allerdings nach draußen geht, *von der Sonne weg,* nimmt die Kraft der Sonne immer mehr ab.

»Das ist eben jetzt eine ganz heiße Diskussion, auch sehr delikat: Man denkt wieder an Kernreaktoren«, so der Professor aus Gießen. »Es gab ja vor ein paar Jahren eine deutsch-russische Studie: ›nuklear-elektrische Antriebe‹. Die Russen wollten einen Kernreaktor bauen so mit dreißig Kilowatt. Die Russen sind die Einzigen, die Kernreaktoren schon im Weltraum hatten. Im Kalten Krieg hatten sie die für Radarsatelliten benutzt, das war ›TOPAZ‹, die hatten aber nur fünf Kilowatt. Aber die kann man natürlich auch größer bauen. Dreißig Kilowatt zum Beispiel, das war die Idee. Nun, mit dieser Studie sind wir nicht gerade auf große Gegenliebe gestoßen, weil eben russischer Kernreaktor, Tschernobyl und überhaupt … aber im Augenblick scheint ein Umdenken stattzufinden in den USA, auch in Europa: Vielleicht nehmen wir doch einen Kernreaktor.

Es wird jetzt die große Mission geben zum Merkur. Mit Ionentriebwerk

Prof. Löb vor dem mit Xenon betriebenen Flugmodell *RIT-10*, das im Jahre 2002 auf dem ESA-Satelliten *Artemis* zum Einsatz kam.
Horst Löb wurde 1932 in Komotau/Sudetenland geboren. Nach einem Studium der Physik entwickelte er seit 1962 Ionentriebwerke. Bis zu seiner Emeritierung im Jahre 1997 war er Professor für Experimentalphysik.

und Solarzellen natürlich, das ist ein Cornerstone der ESA, da will man mit Ionentriebwerken hin, man ist in der Hälfte der Zeit dort, verglichen mit konventionellen Triebwerken, und kann die doppelte Nutzlast mitnehmen, also nicht nur einen Orbiter, sondern man kann auch ein Landegerät absetzen. Das ist also akzeptiert, es ist nur die Frage: Ist der Start in sechs Jahren oder in sieben Jahren oder acht Jahren? Das verschiebt sich immer ein bisschen. Aber dieses Projekt gibt es.

So, jetzt hat man also eine Ionenantriebseinheit, die man auch nicht nur zum Merkur einsetzen könnte, sondern meinetwegen auch für die großen Jupitermonde, Europa zum Beispiel, das ist ja ein Eispanzer, darunter ist ein Ozean, und für solche Missionen, Pluto, Kuiper-Gürtel, da hat man die Antriebseinheit, aber nicht mehr die Steckdose. Da ist eben die Frage: Lohnt sich das, so eine große Antriebseinheit zu bauen mit den ganzen Regelsystemen, wenn nur eine Mission gemacht werden kann? Bei allen Missionen, die von der Sonne wegführen – da werden die Solarzellen ineffektiv.«

Ionentriebwerke setzt man heute schon zur Lagestabilisierung von Satelliten ein, es ist einfach billiger, betrieben werden sie natürlich mit solarem Strom. Aber das ist nicht die Augen glänzend machende *Raumfahrt*. Raumfahrt geht hinaus, immer weiter hinaus. Bisher lagen zwischen Start und Ankunft am Zielplaneten *Jahre*. Das macht die gegenwärtig betriebene Raumfahrt extrem unspannend.

»Dieser 5-Kilowatt-Reaktor, den hab ich ja gesehen in Moskau, der ist vielleicht drei Meter hoch«, erinnert sich Professor Löb. »Das meiste sind die Radiatoren. Die Verlustenergie müssen Sie ja abstrahlen. Dieser TOPAZ mit 30 Kilowatt wird vielleicht fünf, sechs Meter lang sein, aber der Reaktor selbst ist relativ klein. Der eigentliche Reaktor misst vielleicht einen Meter im Durchmesser, dann wird das entfaltet, auseinander gefahren auf Schienen, dann entfalten sich die Panel, die Radiatoren, um die Verlustwärme abzustrahlen.«

Betrieben werden diese Reaktoren mit angereichertem Uran, so genannte »thermionische Wandler« erzeugen aus der Hitze des Zerfalls direkt elektrischen Strom – ohne den Umweg über Dampf und bewegte Teile mit immerhin 15–20 Prozent Wirkungsgrad; ein ähnliches Prinzip wie der in diesem Buch besprochene »Seebeck-Generator«. Nur eben beileibe keine »vergessene« Erfindung. TOPAZ war Standardenergiequelle für militärische Satelliten der UdSSR während des Kalten Krieges.

Der große Rest der erzeugten Wärme muss wie bei jedem Kraftwerk weggekühlt werden, dazu fehlen aber im Weltraum Wind und Wasser, es bleibt nichts anderes übrig, als die Wärme über große Bleche abzustrahlen.

»Es sind so zweieinhalb Tonnen, die dieser Reaktor mit 30 Kilowatt wiegt. Das ist relativ viel, verglichen mit Solarzellen, wenn die nicht zu weit weg von der Sonne sind. Aber ab dem Asteroidengürtel funktionieren die ja nicht mehr. Es ist nicht die ideale Lösung, er ist noch relativ schwer, wir überlegen uns gerade, ob der noch ein bisschen abgespeckt werden kann. Die Russen sind ja nicht gerade die Meister in der Leichtbauweise.«

Das ergibt eine spezifische Leistung von 12 Watt pro Kilogramm: das α in der Gleichung (4). Darauf werden wir gleich noch zurückkommen.

Die bisherige Raumfahrt benutzte für große Missionen oft »Swingby-Manöver«. Dabei wird die Sonde knapp an einem Planeten vorbeigesteuert und in seinem Schwerefeld zusätzlich beschleunigt. Die interplanetaren Sonden der Vergangenheit erreichten auf diese Art Geschwindigkeiten, die mit chemischen Antrieben nicht möglich sind. Das verkürzt die Dauer der Mission, hat aber den Nachteil, dass die Planeten »günstig« hintereinander stehen müssen, wenn man den Swingby-Effekt ausnützen will. Das ist selten der Fall, für solche Missionen gibt es also nur bestimmte, schmale »Zeitfenster«. Hier schafft das Ionentriebwerk Abhilfe. Horst Löb:

»Ja, das Fenster ist natürlich breiter. Wenn Sie ständig schieben auf dem Weg, haben Sie ein relativ breites Fenster. Man kann auf Swingby ganz verzichten. Es gibt Überlegungen, dass man vielleicht noch einen Swingby einschiebt, um dann eben mit mehr Nutzlast hinzukommen. Ich glaube, man wird nicht ganz darauf verzichten, aber nicht mehr so extrem gestalten, dass man da vier Swingbys macht und hin und her fliegt im Sonnensystem, bis man endlich in die richtige Richtung fliegt...«

Das nächste Großereignis der Raumfahrt wird in zehn bis zwanzig Jahren wahrscheinlich eine bemannte Marsmission sein. Eine Chance für das Ionentriebwerk?

»Natürlich! Im Fall Mars werden Sie nicht schneller da sein, aber Sie können mehr Nutzlast mitnehmen. Das ist jetzt die Frage, bemannte Marsaußenstation ... es gibt Studien: Wenn man einfach nur hinfliegt, wird man aus Sicherheitsgründen nicht mit Astronauten und Kernreaktor und Ionenantrieb dahinfliegen. Das wird man wohl konventionell machen, die eigentliche Astronautenmission zum Mars. Man denkt aber an Pendelverkehr von Frachtfähren, die also hin und her fliegen zwischen Marsorbit und Erdorbit mit Ionentriebwerken und eben eine recht hohe Nutzlast transportieren können – als Nachschub.«

Wird die eigentliche Fahrt nicht auch sehr stark beschleunigt? Warum ist man dann nicht schneller dort als mit dem normalen Triebwerk? Prof. Löb:

»Ich habe einmal den Vergleich gemacht zwischen dem Sprinter und dem Marathonläufer. Die chemischen Raketen sind die Sprinter und die Ionenraketen sind die Langstreckenläufer. Wenn die jetzt um die Wette laufen: Zunächst ist der Sprinter weg, der Marathonläufer überholt ihn dann irgendwann. Wenn die Entfernungen nicht sehr groß sind, hat der Marathonläufer keine großen Chancen, den Sprinter zu überholen. Der Sprinter läuft meinetwegen 400 Meter ... der Mars ist eben eine relativ kurze Strecke.

Der Vorteil der Ionentriebwerke ist umso größer, je weiter das Ziel weg ist, je schwerer die Nutzlast ist, je anspruchsvoller die Mission ist. Generell ist es eben so, dass man, was die interplanetaren Flüge anbetrifft, zunächst einmal die einfachen Missionen macht: Mond, Venus, kleine Sonden auf den Mars. Genauso bei den Satelliten: Die waren ursprünglich recht klein, die konnte man dann alle drei Jahre wegschmeißen, dann kam schon die neue Generation: Das heißt, man brauchte zunächst die Ionentriebwerke nicht. Das ist auch der Grund, warum diese Triebwerke erst relativ spät den Durchbruch geschafft haben. Im Laufe der Zeit wurden die Satelliten immer komplizierter, immer schwerer, immer teurer, die wollte man dann länger in Betrieb halten, auch die Raumsonden wurden immer größer. Man will nicht nur am Merkur vorbeifliegen, man will auch landen. Je komplizierter die Sache wird, desto größer ist der Vorteil der Ionentriebwerke wegen der hohen Strahlgeschwindigkeit.«

Das Ionentriebwerk präsentiert sich bis jetzt recht bescheiden: kochtopfgroß, angetrieben von einem Minireaktor, für Lagestabilisierung von Satelliten, Fernmissionen oder als Antrieb für eine Art interplanetaren Laster im Erde-Mars-Pendelverkehr. Aber das muss ja nicht so bleiben. Man kann Ionentriebwerke auch größer bauen; das Geheimnis ihrer Stromversorgung steckt in Gleichung (4), im Parameter α_F. Die aufs Kilo bezogene Leistung von Reaktoren steigt nämlich mit ihrer *absoluten* Größe steil an. Im Bereich von *Gigawatt* liegen sie nicht mehr bei 10–20 Watt pro Kilo, sondern bei *einigen hundert Watt* pro Kilo, etwa das Fünfzigfache. Wenn man die spezifische Leistung verfünfzigfacht, kann man die Brenndauer auf ein Fünfzigstel reduzieren – der Wert der Wurzel in Gleichung (4) bleibt unverändert, und damit die Strahlgeschwindigkeit. Nur erreicht der Flugkörper seine Endgeschwindigkeit nicht nach einem Jahr, sondern schon nach einer Woche … und was heißt hier, bitte, »Flugkörper«? Der Reaktor von tausend Megawatt leistet zwar dreiunddreißigtausendmal mehr als der 30-kW-TOPAZ, wiegt aber nur fünfzigmal mehr, also 125 Tonnen, ebenso viel der Treibstoff. Bei einem Nutzlastanteil von 20 Prozent gibt das zusammen schon 312 Tonnen – ein Riesending. Natürlich sind auch höhere Strahlgeschwindigkeiten und damit höhere Endgeschwindigkeiten möglich. Die Ionenrakete nähert sich in solchen Rechnungen dem Science-Fiction-Schema der fünfziger Jahre – eine gemütliche (spießige) interplanetare Raumfahrt als Erweiterung irdischer Verkehrssysteme. (»Der Drei-Uhr-Transporter zum Mars verspätet sich heute um etwa fünfzehn Minuten.«) Eine »Drei-Uhr-Rakete« Richtung Mars wird es vermutlich nie geben; auch keinen »Dienstagflug« – aber vielleicht eine »Aprilmission«. Auch die bleibt im Reich des bloß Möglichen, wenn nicht auf dem heutigen Niveau eine Menge ernster Bedenken ausgeräumt werden. Ein ganzes Atomkraftwerk in eine Umlaufbahn schießen? Den meisten Menschen wird dabei mulmig. Natürlich würde das Kraftwerk nicht am Stück hinauftransportiert, sondern in Portionen, erst recht die »heißen« Teile. So »heiß« sind die übrigens gar nicht: Löb gibt für einen 30-kW-Reaktor, der noch nicht eingeschaltet ist, eine Radioaktivität von 50 Millicurie an, was der Aktivität von 50 Milligramm Radium entspricht. *Vor* dem Einsetzen der Kettenreaktion ist da nur die natürliche Aktivität des Uran 235. *Mit* dem Einsetzen entstehen allerdings die Spaltprodukte mit ihren sattsam bekannten unerfreulichen Begleiterscheinungen. Allerdings betreffen die nicht die Bevölkerung ganzer Länder, sondern nur die Besatzung, die auf langen Missionen neben der Strahlung aus dem Reaktor auch noch der kosmischen Strahlung ausgesetzt wäre. Unbemannte Instrumententräger umgehen diese Schwierigkeiten; manche Kritiker halten die bemannte Raumfahrt überhaupt für einen wissenschaftlich höchst fragwürdigen, nur aus nationaler Protzerei beschrittenen Irrweg.

Bei anspruchsvollen Missionen wird nicht einfach hingeflogen und ein

Riesendatenstrom gesammelt: In Zukunft müssen auch viel mehr komplizierte Teiloperationen durchgeführt werden; Landeroboter, erweiterte Analysen. Das geht nur, wenn die Bordcomputer noch schlauer und selbststän-
diger werden. Computerentwicklung und Triebwerksentwicklung weisen
heute wunderbarerweise in dieselbe Richtung: auf schnelle, universell einsetzbare Forschungsmaschinen, die jeden Punkt des Sonnensystems in Monaten erreichen (statt in Jahrzehnten), die am Ziel selbstständig operieren,
denen weder die kosmische Strahlung etwas ausmacht noch die des Reak-
tors. Das Problem der Entsorgung radioaktiven Abfalls entfällt. Und viel billiger als jede noch so bescheidene bemannte Mission zu anderen Nachbarpla-
neten ist es außerdem.

Aber vielleicht ist das Ionentriebwerk in näherer oder fernerer Zukunft
nicht nur nützlich, sondern sogar lebensnotwendig für das Überleben des
Menschen. Nein, nicht als Antrieb für »Generationenraumschiffe«, die fremde Planetensysteme besiedeln sollen, sondern als Antrieb für Raumschiffe,
die verhindern, dass Asteroiden oder Kometen auf der Erde einschlagen. Die
Wahrscheinlichkeit mag gering sein, sie ist jedoch in durchaus überschauba-
ren historischen Zeiträumen nicht gleich null. Dass es im geologischen Zeit-
maß immer wieder zu verheerenden Kollisionen gekommen ist, gilt heute
als sicher. In den letzten 600 Millionen Jahren sind mindestens 60 Brocken
von über 5 Kilometer Größe auf der Erde eingeschlagen. Die Wahrscheinlichkeit für einen Einschlag eines nur ein Kilometer großen Brockens in den
nächsten hundert Jahren ist jedenfalls deutlich besser als für einen Lotto-
sechser – 1 : 8600, vielleicht aber auch 1 : 4000. Das würde nicht zum Unter-
gang allen höheren Lebens führen, wohl aber zu Zerstörungen, die alles historisch Bekannte in den Schatten stellen. Die unangenehmen Brocken sind
jedenfalls zahlreicher, als man früher gedacht hat; von der Entstehung des
Sonnensystems ist noch eine Masse Material übrig geblieben (wie oft am
Bau) – und dieses Zeug fliegt jetzt von Mikrometer- bis Kontinentgröße
durchs All. »Unendliche Leere« – leider nur starke Übertreibung, da draußen
ist es »voller«, als uns lieb sein kann. Wenn man aber so einen Kameraden
entdeckt und seine Bahnberechnung ergibt, dass er auf Kollisionskurs läuft,
was macht man dann? Eine Atombombe hinschicken und sprengen? In Stü-

cke sprengen wie im Hollywoodfilm wird er sich nicht lassen. Eine Atombombe auf einen Kometen zu jagen ist ungefähr so wirkungsvoll wie der Fußtritt einer Fliege gegen einen Fußball. Aber eine kleine Sprengwolke würde eben doch ausgestoßen – und der Komet in der Gegenrichtung beschleunigt. Nicht um Meter pro Sekundenquadrat, sondern um Mikrometer. Das reicht aber schon. Nach den Gesetzen der Himmelsmechanik genügt eine winzige Verzögerung oder Beschleunigung etwa in Jupiterdistanz zu einer markanten Bahnänderung in Erdnähe – nach der Devise: Knapp vorbei ist auch daneben. Je früher, je weiter draußen die Bahnänderung stattfindet, desto größer ist der Effekt. Das Problem ist nur, schnell genug hinzukommen: Wenn die Atombombe vier Jahre braucht, bis sie dort ist, der Komet aber nur ein Jahr, bis er hier ist, können wir uns den Aufwand sparen und den Dingen ihren Lauf lassen. Das Ionentriebwerk (natürlich mit Megawattstromquelle) könnte die Reisezeit auf Monate oder Wochen verkürzen. (Wir brauchen in diesem speziellen Fall keine maximale Nutzlast, wir brauchen nur eine Megatonnen-Wasserstoffbombe und ein ausgefuchstes Zielsystem.)

Man wird, um hundertprozentig sicherzugehen, nicht nur eine Bombe auf die Reise schicken, sondern ein paar hintereinander, eine ganze Perlenkette. Diese Technologie zur Abwehr kosmischer Objekte erfordert zwar im Detail noch viel Entwicklung, aber keine neuen Erfindungen.

Es könnte sein, dass wir dem Ionentriebwerk eines Tages mehr verdanken werden als allem anderen, was menschliche Einbildungskraft je geschaffen hat.

Abbildungsnachweis

Der Flettner-Rotor
Alle Abbildungen aus: Anton Flettner, »Mein Weg zum Rotor«, Leipzig 1926.
    Umschlag, Vorsatz, S. 77 f., Tafeln XXV und XXIX

Die Natronlok
S. 30 aus: Organ für Fortschritte des Eisenbahnwesens in technischer Bezie-
    hung, Band 22, Wiesbaden 1885, Tafel XIV, Bild 15
S. 38 aus: 100 Jahre ASEAG, Aachen 1980, S. 9

Der Semaphor
S. 49 aus:»A History of Technology«, Band IV, Oxford 1959, S. 646
S. 53: Deutsches Museum München
S. 57 aus: Fred B. Wrixon, »Codes, Chiffren und andere Geheimsprachen«,
    Köln, 2002. S. 441

Der Hydraulische Widder
S. 66 aus: Meyers Konversationslexikon, Bd. 9, Leipzig/Wien 1905, S. 691
S. 74: Deutsches Museum München
S. 78: Privatphoto Christian Mähr
S. 79 aus: Johann Albert Eytelwein, »Bemerkungen über die Wirkung und
    vortheilhafte Anwendung des Stoßhebers«, Berlin 1805, Tafel 1

Der Holzvergaser
Alle Abbildungen aus: Erik Eckermann, »Alte Technik mit Zukunft. Die Ent-
    wicklung des Imbert-Generators«, R. Oldenbourg Verlag, München
    1986, S. 106, 112, 118, 138, 146

Der Seebeck-Generator

S. 99: Deutsches Museum München

S. 101 und 109 aus: Wolf-J. Schmidt-Küster, »Direkte Energieumwandlung. Von der Brennstoffzelle zur Isotopenbatterie«, Stuttgart 1968, S. 74 f.

Kunstsprachen

S. 126 und 129 aus: Paulo Rónai, »Der Kampf gegen Babel oder das Abenteuer der Universalsprachen«, München 1969, S. 47 und 49

S. 133 aus: Ferdinand Hilbe, »Die Zahlensprache«, Feldkirch 1898, S. 1

Absorberkühlschrank und Wärmetransformator

S. 141 aus: Meyers Konversationslexikon, Bd. 5, Leipzig/Wien 1863

S. 148: Privatphoto Christian Mähr

Das Ionentriebwerk

S. 165 aus: Horst Löb, »Physik und Technik der Raketenantriebe«, Vorlesungsskript WS 1993/94, 1. Physikalisches Institut, Justus-Liebig-Universität Gießen

S. 166: 1. Physikalisches Institut, Justus-Liebig-Universität Gießen

S. 171: dpa